工伤预防和管理培训教材

主编　梁　彪

策划　郭　峰

参编　李英克

中国矿业大学出版社

内容简介

本书主要用于铁路企业基层单位专(兼)职工伤管理人员,在职工工伤保险、工伤预防、工伤业务经办流程的宣传和培训。主要内容有:一是工伤保险概述;二是工伤预防管理;三是重点讲述了事故应急与救护;四是工伤事故案例解析。

为便于职工学习,本书加设了《工伤保险条例》、省市工伤保险实施细则及国家相关工伤预防的重要文件和法规、工伤保险知识测验等内容。

图书在版编目(CIP)数据

工伤预防和管理培训教材/梁彪主编. 一徐州:
中国矿业大学出版社,2018.5
  ISBN 978 - 7 - 5646 - 3982 - 2

  Ⅰ. ①工… Ⅱ. ①梁… Ⅲ. ①工伤事故－事故预防－
技术培训－教材②工伤事故－事故处理－技术培训－教材
Ⅳ. ①X928.03②X928.02

  中国版本图书馆 CIP 数据核字(2018)第112582号

书　　名	工伤预防和管理培训教材
主　　编	梁　彪
责任编辑	王加俊
出版发行	中国矿业大学出版社有限责任公司
	(江苏省徐州市解放南路　邮编 221008)
营销热线	(0516)83885307　83884995
出版服务	(0516)83885767　83884920
网　　址	http://www.cumtp.com　E-mail:cumtpvip@cumtp.com
印　　刷	徐州中矿大印发科技有限公司
开　　本	850×1168　1/32　**印张** 8.125　**字数** 211 千字
版次印次	2018 年 5 月第 1 版　2018 年 5 月第 1 次印刷
定　　价	28.00 元

(图书出现印装质量问题,本社负责调换)

前　言

随着我国经济的快速发展,工业化程度的不断提高,工伤保险应对工伤事故和职业危害的保障作用愈加重要。我国实行的工伤保险制度是集工伤预防、工伤补偿、工伤康复于一体的保险体系。在保障工伤职工得到及时有效的康复医疗和经济补偿以外,工伤预防也是工伤保险的一项重要内容。做好工伤预防工作,能够最大限度地避免和减少工伤事故和职业病的发生,更好地促进安全生产,实现社会的和谐稳定。

本书作为培训教材,主要面对中国铁路上海局集团有限公司山东统筹地区(特指在山东省参加省级养老保险统筹,而医疗保险、工伤保险、失业保险、生育保险属地参保的铁路企业)的职工以及基层单位社保专(兼)职人员,主要讲述了涉及工伤预防、工伤申报、工伤鉴定、工伤康复、工伤待遇等方面的知识及业务经办流程,介绍了事故应急与救护;收录了部分铁路系统典型工伤事故案例分析;附录了国家、省市的相关法律、法规。职工通过本书可以充分了解工伤保险方面的权利和义务,正确维护自身和企业的合法权益。

　　本书由中国铁路上海局集团有限公司徐州社会保险事业管理中心组织编写,由郭峰策划,由梁彪主编,由李英克参加编写。杨晓旭和潘祥旭两位同志对本书的编写提供了帮助,在此表示感谢!

　　由于编者水平有限,加之编写时间仓促,书中不足之处在所难免,敬请广大读者提出宝贵意见。

编者

2018 年 5 月

目　录

第一章　工伤保险概述

第一节　工伤保险基本知识

一、工伤保险的概念

工伤保险是社会保险的一个重要组成部分。它通过社会统筹建立工伤保险基金，对保险范围内的劳动者在生产劳动过程中或在与工作相关的特殊情况下遭受意外伤害事故或罹患职业病后，工伤职工或工亡职工近亲属能够得到必要的医疗救助和经济补偿。

二、工伤保险的作用

工伤保险是社会保障体系的重要组成部分。工伤保险制度对于保障因生产、工作过程中的事故伤害或患职业病造成伤、残、亡的职工及其供养近亲属的生活，对于促进企业安全生产、维护社会安定起着重要的作用。主要体现在以下几个方面。

1. 促进工伤预防与安全生产

"工伤预防、工伤补偿、工伤康复"是工伤保险制度的三个重要职能。这种三位一体的模式，体现了国家对工伤预防及职工职业健康的高度重视。根据相关统计资料，80％的工伤事故和职业病是可以通过重视安全生产而预防和避免的,说明做好事故预防工作能够有效地减少职业危害。在我国的工伤保险制度设计中,通过实行行业差别费率和浮动费率机制,以及在工伤保险基金中列支工伤预防费等措施,来促进和鼓励用人单位加强工伤预防工作,减少工伤事故和职业病的发生,从而保护职工的人身安全和健康。

2. 分散用人单位的工伤风险

社会保险的一个基本宗旨就是分散风险,建立工伤保险制度就是通过基金的互助互济功能,分散不同用人单位的工伤风险,维护工伤职工的合法权益。同时,通过工伤保险的社会化统筹管理,减轻用人单位的社会负担,使其公平参与市场竞争。

3. 保障工伤职工的合法权益

工伤保险制度的主要目的之一,就是为工伤职工和工亡职工近亲属提供必要的医疗救助和经济补偿。防止当发生重大事故时,用人单位因无力支付工伤费用以致工伤职工得不到及时治疗、康复,工伤职工和工亡职工近亲属的基本生活得不到保障的问题,从而保障其合法权益。

三、工伤保险的原则

按照《工伤保险条例》的规定,工伤保险应该遵循以下几个原则。

1. 强制实施原则

工伤是在生产经营活动中发生的,给职工本人及其家庭带来痛苦和不幸,也影响用人单位的生产经营,占用国家的物资资源,甚至可能造成社会不安定因素。因此,国家通过立法,强制实施工伤保险,规定属于覆盖范围的用人单位必须依法参加并履行缴费义务。

2. 个人不缴费原则

这是工伤保险与养老保险、医疗保险、失业保险等其他社会保险项目的区别之处。职业伤害是在工作过程中造成的，劳动力是生产的重要因素。如果职工在为用人单位创造财富的同时受到了伤害，那么理应由用人单位负担全部工伤保险费，职工个人不缴纳任何费用。

3. 无责任补偿原则及限制

在工作场所发生工伤事故后，无论是第三方的责任还是职工本人的责任，工伤职工均可获得补偿，以保障其及时获得救治和基本生活保障。但新的《工伤保险条例》对职工在上下班途中发生的交通事故或者城市轨道交通客运轮渡、火车事故做了非本人主要责任的限制。也就是说，如果是由于本人负主要责任的交通或者城市轨道交通客运轮渡、火车事故伤害，则不能认定为工伤。

4. 倾斜于受害人原则

工伤保险法属于社会法，以保护弱势群体利益为其法律精神，工伤保险补偿倾斜于受害人原则正是社会法基本原则的集中体现。这些原则体现在工伤认定程序、受害人单位对工伤的举证责任、工伤保险补偿等环节上向受害人倾斜，缓解职工因工伤事故或职业病所产生的负担，从而减少社会矛盾。

5. 实行行业差别费率和浮动费率原则

为促进工伤预防，减少工伤事故，充分发挥缴费费率的经济杠杆作用，工伤保险实行行业差别费率，并根据用人单位工伤保险支缴率和工伤事故发生率等因素实行浮动费率。

6. 补偿与预防、康复相结合的原则

"工伤补偿、工伤预防、工伤康复"构成了工伤保险制度的三个重要职能。工伤预防是工伤保险制度的重要内容。工伤保险制度致力于采取各种措施,以减少和预防事故的发生。工伤事故发生后,既要及时对工伤职工予以医治并给予经济补偿,使工伤职工本人或近亲属生活得到一定的保障,还要及时对工伤职工进行医学康复和职业康复,使其尽可能恢复或部分恢复劳动能力,具备从事某种职业的能力,尽可能地减少人力资源和社会资源的浪费。

7. 一次性补偿与长期补偿相结合原则

在工伤事故发生后,工伤保险对工伤职工或工亡职工的近亲属,实行工伤保险补偿一次性补偿与长期补偿相结合的办法。例如,丧失劳动能力退出岗位的职工、工亡职工的近亲属,工伤保险机构在支付一次性补偿金的同时,还长期按月支付其他补偿,直至其失去供养条件为止。这种一次性和长期补偿相结合的补偿办法,可以长期、有效地保障工伤职工或工亡职工近亲属的基本生活。

四、我国工伤保险制度的历史沿革

我国工伤保险的立法始于 1951 年原政务院发布的《中华人民共和国劳动保险条例》。该条例对国营、公私合营、私营及合作社的厂、矿以及铁路、运输、邮电、工矿、交通事业和国营建筑公司的职工、学徒工和试用人员等在发生工伤后的享受待遇等问题做了详细规定,明确工伤待遇包括工伤医疗和康复待遇、因工伤残待遇以及死亡待遇。

"普遍建立企业工伤保险制度"是 1993 年在党的十四届三中全会通过的《中共中央关于建立社会主义市场经济体制若干问题的决定》中提出的。1995 年 1 月 1 日实施的《中华人民共和国劳动法》对建立工伤保险制度做了原则性规定。1996 年,原劳动和社会保障部发布了《企业职工工伤保险试行办法》,基本确立了工伤保险制度,并在全国逐步推广。

2003 年 4 月 27 日,中华人民共和国国务院令第 375 号颁布《工伤保险条例》,并自 2004 年 1 月 1 日起施行。这标志着我国工伤保险制度建设进入法制化轨道。2010 年 10 月 28 日,《中华人民共和国社会保险法》由中华人民共和国第一届全国人民代表大会常务委员第十七次会议通过并予公布,自 2011 年 7 月 1 日实施。该法对工伤保险做出了专章规定,进一步明确了工伤保险的法律地位。2010 年 12 月 20 日,中华人民共和国国务院令第 586 号公布了《国务院关于修改〈工伤保险条例〉的决定》,对《工伤保险条例》进行了修改和完善,基本形成了我国工伤保险法律体系。

第二节　工伤保险基金与参保缴费

一、工伤保险基金

工伤保险基金是指为了保障参保职工享受工伤保险待遇的权益,按照国家法律、法规,由依法应参加工伤保险的用人单位按缴费基数的一定比例缴纳以及通过其他合法方式筹集的用于工伤保险的或者其他依法应当纳入工伤保险基金的其他资金构成的专项资金,是社会保险基金的一个重要组成部分。

工伤保险基金由用人单位缴纳的工伤保险费、工伤保险基金的利息和依法纳入工伤保险基金的其他资金组成。工伤保险费是工伤保险基金的主要来源,凡是纳入工伤保险参保范围的用人单位都应当按照规定,及时足额缴纳职工的工伤保险费,以保障工伤保险基金的支付能力,切实保障工伤职工及时获得医疗救治和经济补偿。任何参保的并且发生了工伤事故的用人单位都能够及时使用筹集到的工伤保险基金,防止单位因需要支付的工伤津贴过多而陷入困境,从而有效地促进"分散风险负担,互偿灾害损失"这一重要社会保险原则的实现,体现出社会保险金"互助共济"的性质。

二、参保缴费

在我国,工伤保险费由用人单位按时缴纳,职工个人不需要缴费。用人单位缴纳工伤保险费的数额为本单位职工工资总额乘以单位缴费费率之积。对难以按照工资总额缴纳工伤保险费的行业,其缴纳工伤保险费的具体方式,由国务院社会保险行政部门规定。

1. 缴费主体

《工伤保险条例》第二条规定:"中华人民共和国境内的企业、事业单位、社会团体、民办非企业单位、基金会、律师事务所、会计师事务所等组织和有雇工的个体工商户(以下称用人单位)应当依照本条例规定参加工伤保险,为本单位全部职工或者雇工(以下称职工)缴纳工伤保险费。中华人民共和国境内的企业、事业单位、社会团体、民办非企业单位、基金会、律师事务所、会计师事务所等组织的职工和个体工商户的雇工,均有依照本条例的规定享受工伤保险待遇的权利。"

《工伤保险条例》所指企业包括中国境内所有形式的企业:按照所有制划分,有国有企业、集体所有制企业、私营企业和外资企业;按照所在地域划分,有城镇企业、乡镇企业和境外企业;按照企业的组织形式划分,有公司制企业、合伙企业、个人独资企业等。事业单位是指除参照公务员法管理之外的其他依照《事业单位登记管理暂行条例》的有关规定,在机构编制管理机关登记为事业单位,且没有改为由工商行政管理登记为企业的事业单位,主要包括基础科研、教育、文化、卫生、广播电视等领域的单位。民办非企业单位是指依照 1998 年 10 月 25 日国务院公布施行的《民办非企业单位登记管理暂行条例》的规定在民政部门登记为民办非企业单位,由企业事业单位、社会团体及公民个人利用非国有资产举办的,从事非营利性社会服务活动的社会组织。社会团体是指依照 1998 年 10 月 25 日国务院公布施行的《社会团体登记管理条例》(国务院于 2016 年 2 月 6 日做出部分修改)的规定在民政部门登记的。社会团体是由中国公民自愿组成的,为实现会员共同意愿,按照章程开展活动的非营利性社会组织。律师事务所是指根据《中华人民共和国律师法》设立的律师执业机构,分为合伙、个人以及国家出资设立的律师事务所三类。会计师事务所是指根据《中华人民共和国注册会计师法》的规定依法设立并承办会计师事务的机构。基金会是指根据 2004 年 2 月 4 日国务院公布的《基金会管理条例》的规定,利用自然人、法人或者其他组织捐赠的财产,以从事公益事业为目的的非营利性法人组织。基金会又分为面向公众募捐的基金会和不得面向公众募捐的基金会两种。个体工商户是指在工商行政管理部门进行了登记并且雇用人数在 7 人以下,开展工商业活动的自然人。职工是指与用人单位存在劳动关系(包括事实劳动关系)的各种用工形式和各种用工期限的劳动者。

2. 缴费基数

工伤保险费的缴费基数为单位职工工资总额,一般为本单位职工上年度月平均工资总额。单位缴费基数低于统筹地区上年度社会月平均工资总额 60％的,按单位缴纳基数的 60％缴纳;高于统筹地区上年度社会月平均工资总额 300％的,按单位缴纳基数的 300％缴纳。

工资总额是单位在一定时期内直接支付给本单位全部职工的劳动报酬总额。根据国家统计局的有关规定,工资总额包括以下 6 个部分:计时工资、计件工资、奖金、津贴和补贴、加班加点工资与特殊情况下支付的工资,但不包括以下 3 个部分的费用:单位支付给劳动者个人的社会保险福利费用,如生活困难补助、计划生育补贴、丧葬费等;劳动保护方面的费用,如防暑降温费等;按规定未列入工资总额的各种劳动报酬和其他劳动收入,如稿酬、讲课费等。

3. 工伤保险费率

工伤保险费率是指工伤保险经办机构向用人单位征收的工伤保险费与工资总额的比率。目前我国工伤保险费的征缴按照以支定收、收支平衡的原则,实行行业差别费率和行业内费率档次。国家根据不同行业的工伤风险程度确定行业的差别费率,并根据工伤保险费使用、工伤发生率等情况在每个行业内确定若干费率档次。行业差别费率和行业内费率档次是由国务院社会保险行政部门制定,并报国务院批准后公布施行的。

2015 年 7 月 22 日,人力资源和社会保障部、财政部下发《关于调整工伤保险费率政策的通知》(人社部发〔2015〕71 号),自 2015 年 10 月 1 日起施行。该通知规定,按照《国民经济行业分类》(GB/T 4754—2011)对行业的划分,根据不同行业的工伤风险程度,由低到高,依次将行业工伤风险类别划分为一类至八类。不同工伤风险类别的行业执行不同的工伤保险行业基准费率。各行业工伤风险类别对应的全国工伤保险行业基准费率为:一类至八类分别为该行业用人单位职工工资总额的 0.2%、0.4%、0.7%、0.9%、1.1%、1.3%、1.6%、1.9%。通过费率浮动的办法确定每个行业内的费率档次:一类行业分为 3 个档次,即在基准费率的基础上,可分别向上浮动至 120%、150%;二类至八类行业分为 5 个档次,即在基准费率的基础上,可分别向上浮动至 120%、150% 或向下浮动至 80%、50%。

各统筹地区人力资源社会保障部门会同财政部门,按照"以支定收、收支平衡"的原则,合理确定本地区工伤保险行业基准费率具体标准,并征求工会组织、用人单位代表的意见,报统筹地区人民政府批准后实施。基准费率的具体标准可根据统筹地区经济产业结构变动、工伤保险费使用等情况适时调整。

统筹地区社会保险经办机构根据用人单位工伤保险费使用、工伤发生率、职业病危害等因素,确定其工伤保险费率,并可依据上述因素变化情况,每一年至三年确定所属行业不同费率档次间是否浮动。对符合浮动条件的用人单位,每次可上下浮动一档或两档。统筹地区工伤保险最低费率不得低于本地区一类风险行业基准费率。费率具体办法由统筹地区人力资源和社会保障部门商财政部门制定,并征求工会组织、单位代表的意见。

各统筹地区确定的工伤保险行业基准费率具体标准、费率浮动具体办法,应报省级人力资源社会保障部门和财政部门备案并接受指导。省级人力资源社会保障部门、财政部门每年应将各统筹地区工伤保险行业基准费率标准确定和变化以及浮动费率实施情况汇总报人力资源和社会保障部、财政部。

三、工伤保险基金的管理

工伤保险基金的征缴、管理和支付由工伤保险经办机构负责。工伤保险基金专款专用,用于《工伤保险条例》规定的工伤保险待遇,劳动能力鉴定,工伤预防的宣传、培训等费用,以及法律、法规规定的用于工伤保险的其他费用的支付。

工伤保险基金支出项目包括工伤保险待遇支出、劳动能力鉴定费支出、工伤预防费用支出和其他支出等。

工伤保险待遇支出包括工伤医疗待遇支出、康复待遇支出、伤残待遇支出、工亡待遇支出等。

工伤医疗待遇支出是指工伤职工进行治疗时所发生的,符合有关规定的门(急)诊费、住院费、急救车费等费用支出。

康复待遇支出是指工伤职工在进行康复性治疗或职业康复过程中所发生的符合有关规定的费用支出。

伤残待遇支出是指工伤职工按照规定评定伤残等级后享受的经济补偿。包括:一次性伤残补助金、伤残津贴、伤残津贴实际金额低于当地最低工资标准的差额补贴、基本养老保险待遇低于伤残津贴的差额补贴、护理费以及辅助器具费用等。

工亡待遇支出是指因工死亡职工的近亲属按规定领取的丧葬补助金、一次性工亡补助金和向其他符合条件的人员发放的供养亲属抚恤金等费用支出。

劳动能力鉴定费支出是指劳动能力鉴定委员会支付给参加劳动能力鉴定的医疗卫生专家的费用,支付给有关医疗机构的诊断费以及劳动能力鉴定过程中发生的差旅费、会议费等费用支出。

工伤预防费用支出一般是指用于对企业进行工伤预防宣传,对企业员工进行安全教育和培训,对企业改善安全状况和作业环境给予补贴等费用支出。

其他支出是指法律、法规规定的其他非工伤保险待遇性质的费用支出。

　　工伤保险基金应当留有一定比例的储备金,用于统筹地区重大事故的工伤保险待遇支付;储备金不足支付的,由统筹地区的人民政府垫付。储备金占基金总额的具体比例和储备金的使用办法,由省、自治区、直辖市人民政府规定。

　　工伤保险基金将逐步实行省级统筹。跨地区、生产流动性较大的行业,可以采取相对集中的方式异地参加统筹地区的工伤保险。具体办法由国务院社会保险行政部门会同有关行业的主管部门共同制定。

第三节　工　伤　认　定

　　工伤认定是工伤职工获得工伤保险待遇的首要程序。根据《中华人民共和国社会保险法》《中华人民共和国职业病防治法》《工伤保险条例》等法律法规和相关规定,职工发生事故伤害或罹患职业病的,应依法进行工伤事故处理以取得工伤保险基金支持的工伤保险待遇。工伤事故处理包括工伤认定、工伤医疗、工伤康复、劳动能力鉴定、工伤保险待遇支付等主要环节,具体流程如图 1-1 所示。

　　工伤认定是工伤职工享受工伤保险待遇的前置条件,只有社会保险行政部门根据《工伤保险条例》和《工伤认定办法》,对受伤害职工进行了工伤认定,确认了所受到的伤害是工伤后,职工才能享受工伤保险的相关待遇。

一、工伤认定的概念

　　工伤认定是指工伤保险基金统筹地区社会保险行政部门按

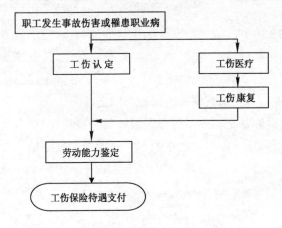

图 1-1 工伤处理流程图

照属地原则,根据工伤认定申请人提交的工伤认定申请,依照社
会保险法律法规及相关政策的规定,依法对被申请对象的资格、
申请事项和相关证据进行审理,对其完整性、真实性、准确性进行
分析、核实,确定职工受到的伤害是否属于应当认定为工伤或视
同工伤的情形,最终形成工伤认定结论并送达被申请对象和其所
在单位的行政行为。

二、工伤认定的对象

工伤认定的对象包括具备下列条件的职工:
(1)所在单位纳入了工伤保险制度的范围;
(2)与用人单位存在劳动关系,包括事实劳动关系;
(3)存在因工作原因受到事故伤害或者患职业病的事实。
受到事故伤害或者患职业病的职工,只要同时具备上述三个
条件,无论其所在单位是否参加了工伤保险,职工提出工伤认定
申请,社会保险行政部门都应该受理。

无营业执照或者未依法登记、备案而经营的单位所雇用的人员,以及被依法吊销营业执照或者撤销登记、备案的单位所雇用的人员受到事故伤害或者患职业病的;用人单位使用童工造成童工伤残、死亡的,受伤害者不需申请工伤认定,直接由雇用方给予一次性赔偿,拒不给付赔偿的,由社会保险监察机构予以处理,或通过法律程序予以判决。

三、工伤认定的范围

《工伤保险条例》明确规定了应当认定为工伤的 7 种情形、视同工伤的 3 种情形以及不得认定为工伤或者视同工伤的 3 种情形。

1. 应当认定为工伤的 7 种情形

(1) 在工作时间和工作场所内,因工作原因受到事故伤害的。

(2) 工作时间前后在工作场所内,从事与工作有关的预备性或者收尾性工作受事故伤害的。

(3) 在工作时间和工作场所内,因履行工作职责受到暴力等意外伤害的。

(4) 患职业病的。

(5) 因工外出期间,由于工作原因受到伤害或者发生事故后下落不明的。

(6) 在上下班途中,受到非本人主要责任的交通事故或者城市轨道交通、客运轮渡、火车事故伤害的。

(7) 法律、行政法规规定应当认定为工伤的其他情形。

2. 视同工伤的三种情形

(1) 在工作时间和工作岗位,突发疾病死亡或者在 48 小时之内经抢救无效死亡的。

（2）在抢险救灾等维护国家利益、公共利益活动中受到伤害的。

（3）职工原在军队服役，因战、因公负伤致残，已取得革命伤残军人证，到用人单位后旧伤复发的。

3. 以下三种情形不得认定为工伤或者视同工伤

（1）故意犯罪的。

（2）醉酒或者吸毒的。

（3）自残或者自杀的。

四、工伤认定的程序

根据《工伤保险条例》《工伤认定办法》及相关规定，职工在发生事故伤害或罹患职业病后，应向统筹地区社会保险行政部门提出工伤认定申请。工伤认定办理主要环节包括提出书面工伤认定申请；社会保险行政部门对申请事项进行审查，并根据审查情况通知申请人是否需要补正材料；社会保险行政部门根据审查情况，决定本次工伤认定申请是否受理，并出具相关文书；社会保险行政部门受理工伤认定申请后，需要对申请人提供的证据进行调查核实；社会保险行政部门依法做出工伤认定结论，出具相关文书并送达。工伤认定办理流程图如图 1-2 所示。

1. 工伤认定申请

《工伤保险条例》第十七条规定：职工发生事故伤害或者按照职业病防治法规定被诊断、鉴定为职业病的，所在单位应当自事故伤害发生之日或者被诊断、鉴定为职业病之日起 30 日内，向统筹地区社会保险行政部门提出工伤认定申请。用人单位未按规定提出工伤认定申请的，工伤职工或者其近亲属、工会组织在事故伤害发生之日或者被诊断、鉴定为职业病之日起 1 年内，可以

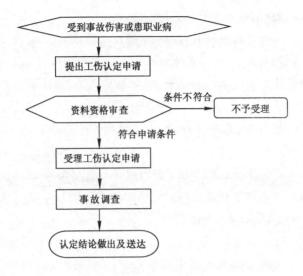

图 1-2 工伤认定办理流程图

直接向用人单位所在地统筹地区社会保险行政部门提出工伤认定申请。

工伤职工所在单位、职工个人(或者其近亲属)、工会组织申请工伤认定时,应该提交全面、真实的材料,以便于社会保险行政部门准确、及时做出工伤认定结论。根据《工伤保险条例》第十八条及《工伤认定办法》的规定,提出工伤认定申请应当提交下列材料:

(1)工伤认定申请表。工伤认定申请表是申请工伤认定的基本材料,包括事故发生的时间、地点、原因以及职工伤害程度等基本情况。通过申请表,认定机构对所在单位、职工本人、工伤事故或者职业病的现状、原因等基本事项有一个简明、清楚的了解。

(2)属于下列情况还应提供相关的证明材料:

① 因履行工作职责受到暴力伤害的,应提交公安机关或人民

法院的判决书或其他有效证明。

② 由于交通事故引起的伤亡提出工伤认定的,应提交公安交通管理等部门出具的事故责任认定书或其他有效证明。

③ 因工外出期间,由于工作原因受到伤害的,应由当地公安部门出具证明或其他有效证明。

④ 在工作时间和工作岗位,突发疾病死亡或者在 48 小时之内经抢救无效死亡的,应提供医疗机构的抢救和死亡证明。

⑤ 属于在抢险救灾等维护国家利益、公众利益活动中受到伤害的,按照法律法规规定应提交由设区的市级相应机构或有关行政部门出具的有效证明。

⑥ 属于因战、因公负伤致残的转业、复员军人,旧伤复发的,应提交《中华人民共和国残疾军人证》及医疗机构对旧伤复发的诊断证明。

(3)与用人单位存在劳动关系(包括事实劳动关系)的证明材料。劳动关系证明材料是社会保险行政部门确定对象资格的凭证。规范的劳动关系证明材料是劳动合同。它是劳动者与用人单位建立劳动关系的法定凭证。但在现实生活中,由于多种原因,一些企业、个体工商户未与其职工签订劳动合同。为了保护这些职工享受工伤保险待遇的权益,《工伤保险条例》规定,劳动关系证明材料包括能够证明与用人单位存在事实劳动关系的材料。据此,职工在没有劳动合同的情况下,可以提供一些能够证明劳动关系存在的其他材料,如领取劳动报酬的证明、单位同事的证明、考勤表等。

(4)医疗机构出具的受伤后诊断证明书,或者职业病诊断机构(或者鉴定机构)出具的职业病诊断证明书(或者职业病诊断鉴定书)。

对于医疗诊断证明需要把握以下两点：

① 一般情况下，出具诊断证明的医疗机构，应是与社会保险经办机构签订工伤协议的医疗机构；特殊情况下，也可以是非协议医疗机构（如对受到事故伤害的职工实施急救的医疗机构、在国外或境外治疗的医疗机构）。

② 出具职业病诊断证明的单位，应是用人单位所在地或者本人居住地的、经省级以上人民政府卫生行政部门批准的承担职业病诊断项目的医疗卫生机构；出具职业病诊断鉴定证明的，应是设区的市级职业病鉴定委员会，或者是省、自治区、直辖市职业病诊断鉴定委员会。

2. 工伤认定受理

工伤认定申请人提交的申请材料符合工伤认证要求，属于社会保险行政部门管辖范围且在受理时限内的，社会保险行政部门应当受理。

社会保险行政部门收到工伤认定申请后，应当在 15 日内对申请人提交的材料进行审核，材料完整的，做出受理或者不予受理的决定；材料不完整的，应当以书面形式告知申请人需要补正的全部材料。社会保险行政部门收到申请人提交的全部补正材料后，应当在 15 日内做出受理或者不予受理的决定。

社会保险行政部门决定受理的，应当出具《工伤认定申请受理决定书》；决定不予受理的，应当出具《工伤认定申请不予受理决定书》。

社会保险行政部门工作人员在工伤认定中，可以进行以下调查核实工作：根据工作需要，进入有关单位和事故现场；依法查阅与工伤认定有关的资料，询问有关人员并做出调查笔录；记录、录音、录像和复制与工伤认定有关的资料。调查核实工作的证据收集参照行政诉讼证据收集的有关规定执行。在社会保险行政部门工作人员进行调查核实时,有关单位和个人应当予以协助。用人单位、工会组织、医疗机构以及有关部门应当安排相关人员做好配合工作,据实提供情况和证明材料。

对依法取得职业病诊断证明书或者职业病诊断鉴定书的,社会保险行政部门不再进行调查核实。《职业病防治法》和《职业病诊断与鉴定管理办法》(2013年卫生部令第91号)对职业病的诊断以及诊断争议的鉴定都做了明确规定。依法取得的职业病诊断证明书和职业病诊断鉴定书,是说明职工患职业病的具有法律效力的凭证。在进行工伤认定时,社会保险行政部门将其作为有效的证据来使用,无须再进行事实认定。

根据倾斜于受伤害职工的原则,在社会保险行政部门受理工伤认定申请后,如果用人单位与职工有各自不同的主张,并且各自提供的材料及证据都不足以支持自己的主张,此时应由用人单位承担举证责任。如果用人单位提供的证据不足以推翻职工提供的证据的,社会保险行政部门可以根据职工提供的材料及证据做出工伤认定决定。

3. 工伤认定决定

社会保险行政部门应当自受理工伤认定申请之日起60日内做出工伤认定决定,出具《认定工伤决定书》或者《不予认定工伤决定书》。社会保险行政部门对于事实清楚、权利义务明确的工伤认定申请,应当自受理工伤认定申请之日起15日内做出工伤认定决定。

社会保险行政部门受理工伤认定申请后,如果做出工伤认定决定需要以司法机关或者有关行政主管部门的结论为依据的,那么在司法机关或者有关行政主管部门尚未做出结论期间,做出工伤认定决定的时限中止,并书面通知申请人。

需要注意的是:工伤认定进程中,社会保险行政部门工作人员与工伤认定申请人有利害关系的,应当回避。

4.工伤认定决定书的送达

社会保险行政部门应当自工伤认定决定做出之日起 20 日内,将《认定工伤决定书》或者《不予认定工伤决定书》送达受伤害职工或者其近亲属、用人单位,并抄送社会保险经办机构。《认定工伤决定书》和《不予认定工伤决定书》的送达必须参照民事法律有关送达的规定执行。

职工或者其近亲属、用人单位对不予受理决定不服或者对工伤认定决定不服的,可以依法申请行政复议或者提起行政诉讼。

第四节　劳动能力鉴定

劳动能力鉴定是工伤保险制度的重要组成部分。工伤职工在通过医学治疗和职业康复后伤情处于相对稳定状态,如果存在残疾,影响劳动能力的,那么需要通过医学检查对其伤残后丧失劳动力的程度做出判定结论。通过劳动能力鉴定,评定职工伤残的程度,给予受到事故伤害或患职业病的职工工伤保险待遇,保障工伤职工的合法权益,也为日后正确处理与此有关的争议提供客观依据。人力资源和社会保障部于 2014 年 2 月 20 日发布了《工伤职工劳动能力鉴定管理办法》(人社部令 21 号),自 2014 年 4 月 1 日起施行。

一、劳动能力鉴定的概念

劳动能力鉴定是指劳动者因工负伤或者患职业病,导致本人劳动与生活能力受到影响,由劳动能力鉴定机构组织劳动能力鉴定医学专家,根据国家制定的评残标准,按工伤保险的有关政策,运用医学科学技术的方法和手段,确定劳动者劳动功能障碍程度和生活自理障碍程度的一种综合评定制度。劳动功能障碍分为10个伤残等级,最重的为一级,最轻的为十级。生活自理障碍分为3个等级:生活完全不能自理、生活大部分不能自理和生活部分不能自理。

二、劳动能力鉴定标准

劳动能力鉴定标准是进行劳动能力鉴定时确定工伤职工伤残等级的标准。劳动能力鉴定标准是由国务院社会保险行政部门会同国务院卫生行政部门等部门制定的。

我国目前实施的工伤职工劳动能力鉴定标准是 2014 年由国家质量监督检验检疫总局、国家标准化管理委员会批准发布的《劳动能力鉴定职工工伤与职业病致残等级》(GB/T 16180—2014),共分为 5 个门类、530 个残情条目。该标准是对工伤职工进行劳动能力鉴定的唯一标准。

三、劳动能力鉴定委员会

劳动能力鉴定委员会是负责对工伤职工伤残程度进行劳动能力鉴定的专门机构。《工伤保险条例》规定,劳动能力鉴定委员会由社会保险部门、卫生行政部门、工会组织、用人单位和社会保险经办机构代表组成。劳动能力鉴定委员会分为设区的市级劳动能力鉴定委员会和省、自治区、直辖市劳动能力鉴定委员会两级。设区的市级劳动能力鉴定委员会负责本辖区内的劳动能力初次鉴定、复查鉴定。省、自治区、直辖市劳动能力鉴定委员会负责对初次鉴定或者复查鉴定结论不服提出的再次鉴定。劳动能力鉴定委员会负责组建医疗卫生专家库。

四、劳动能力鉴定程序

根据《工伤保险条例》《工伤职工劳动能力鉴定管理办法》及其他相关规定,劳动能力鉴定包括以下主要环节:提出劳动能力鉴定申请,对申请人提交的材料进行审核及受理,组织专家组进行鉴定,出具鉴定结论并送达用人单位及工伤职工。劳动能力鉴定办理流程如图 1-3 所示。

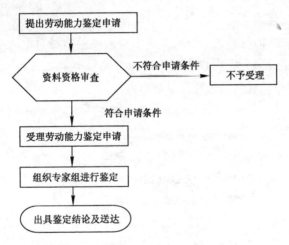

图 1-3 劳动能力鉴定办理流程图

1. 申请

职工发生工伤,经治疗伤情相对稳定后存在残疾.影响劳动能力的,或者停工留薪期满,工伤职工或者其用人单位应当及时向设区的市级劳动能力鉴定委员会提出劳动能力鉴定申请。工伤职工本人因身体等原因无法提出劳动能力鉴定申请的,也可以由其近亲属代为申请。

申请劳动能力鉴定应当填写劳动能力鉴定申请表,并提交以下材料:

(1)《工伤认定决定书》原件和复印件。

(2)有效的诊断证明,检查、检验报告等完整病历材料。

(3)工伤职工的居民身份证或者社会保障卡等其他有效身份证明原件和复印件。

(4)劳动能力鉴定委员会规定的其他材料。

2.受理

劳动能力鉴定委员会收到劳动能力鉴定申请后,应当及时对申请人提交的材料进行审核。若申请人提供的材料不完整,劳动能力鉴定委员会应当自收到劳动能力鉴定申请之日起5个工作日内,通过一次性书面告知申请人需要补正的全部材料。

3.组织鉴定

申请人提供材料完整的,劳动能力鉴定委员会应当及时通知工伤职工组织鉴定。劳动能力鉴定委员会应当综合伤情程度等因素从医疗卫生专家库中随机抽取3名或者5名与工伤职工伤情相关科别的专家组成专家组进行鉴定。

工伤职工应当按照通知的时间、地点参加现场鉴定。对行动不便的工伤职工,劳动能力鉴定委员会可以组织专家上门进行劳动能力鉴定。工伤职工因故不能按时参加鉴定的,经劳动能力鉴定委员会同意,可以调整现场鉴定的时间,做出劳动能力鉴定结论的期限也相应顺延。

因鉴定工作需要,专家组提出应当进行有关检查和诊断的,劳动能力鉴定委员会可以委托具备资格的医疗机构协助进行相关的检查和诊断,相关检查费用由工伤保险基金支付。

专家组根据工伤职工伤情,结合医疗诊断情况,依据《劳动能力鉴定职工工伤与职业病致残等级》(GB/T 16180—2014)提出鉴定意见。

4. 做出鉴定结论

劳动能力鉴定委员会根据专家组的鉴定意见做出劳动能力鉴定结论。设区的市级劳动能力鉴定委员会应当自收到劳动能力鉴定申请之日起 60 日内做出劳动能力鉴定结论,必要时,做出劳动能力鉴定结论的期限可以延长 30 日。

5. 结论送达

劳动能力鉴定委员会应当自作出鉴定结论之日起 20 日内将劳动能力鉴定结论及时送达工伤职工及其用人单位,并抄送社会保险经办机构。

6. 再次鉴定

工伤职工或者其用人单位对初次鉴定结论不服的,可以在收到该鉴定结论之日起 15 日内向省、自治区、直辖市劳动能力鉴定委员会申请再次鉴定。省、自治区、直辖市劳动能力鉴定委员会做出的劳动能力鉴定结论为最终结论。

7. 复查鉴定

自劳动能力鉴定结论做出之日起 1 年后,工伤职工或者其近亲属、用人单位或者社会保险经办机构认为伤残情况发生变化的,可以向设区的市级劳动能力鉴定委员会申请劳动能力复查鉴定。

第五节　工伤保险待遇

工伤保险待遇是指职工受到事故伤害或者患有职业病后,获得医疗救治和经济补偿的一种保障机制。国家统一规定了待遇项目,而具体待遇标准则采取了中央和地方统筹兼顾的原则:一是考虑到了相同等级的工伤职工,待遇支付比例要相同;二是考虑工伤职工待遇应当与本地区职工生活水平相适应。伤残津贴、供养亲属抚恤金、生活护理费可由统筹地区社会保险行政部门根据职工平均工资和生活费用变化等情况适时调整。调整办法由省、自治区、直辖市人民政府规定。

一、工伤保险待遇项目

我国工伤保险待遇项目包括:工伤医疗待遇、康复待遇和使用辅助器具待遇、停工留薪期间待遇、生活护理待遇、伤残待遇、因工死亡待遇等。

1. 工伤医疗待遇

职工治疗工伤应当在签订服务协议的医疗机构就医,如果情况紧急可以先到就近的医疗机构急救。治疗工伤的费用符合工伤保险诊疗项目目录、工伤保险药品目录、工伤保险住院服务标准的,可以由工伤保险基金支付。工伤保险诊疗项目目录、工伤保险药品目录、工伤保险住院服务标准,是由国务院社会保险行政部门会同国务院卫生行政部门、食品药品监督管理部门等部门规定的。职工住院治疗工伤的伙食补助费,以及经医疗机构出具证明,报经办机构同意,工伤职工到统筹地区以外就医所需的交通、食宿费用由工伤保险基金支付,基金支付的具体标准按照统筹地区人民政府规定执行。社会保险行政部门做出认定为工伤的决定后发生行政复议、行政诉讼的,在行政复议和行政诉讼期间不停止支付工伤职工治疗工伤的医疗费用。

工伤医疗期间待遇如表1-1所示。

表 1-1 工伤医疗期间待遇

项目	计发基数及标准	支付方式
医疗费	签订服务协议的医疗机构内符合规定范围内的医疗费	基金支付
康复费	签订服务协议的医疗机构内符合规定范围内的康复费	
辅助器具费	经劳动能力鉴定委员会确认需安装辅助器具的,发生符合支付标准的辅助器具配置费用	基金支付
住院伙食补助费	职工治疗工伤的伙食费用,按当地标准支付(徐州市每天 20 元)	基金支付
统筹地区以外就医的交通、食宿费	经医疗机构出具证明,报经办机构同意,工伤职工到统筹地区以外就医所需的交通、食宿费用,按当地标准支付(徐州市每天150 元)	基金支付
工资福利	停工留薪期间,按原工资福利待遇发放	单位支付
护理费用	生活不能自理的工伤职工在停工留薪期间需要护理的费用	单位支付

工伤职工治疗非工伤引发的疾病,不享受工伤医疗待遇,按照基本医疗保险办法处理。

2. 康复待遇和使用辅助器具待遇

工伤职工在工伤保险期间,符合工伤康复情形的,可以提出工伤康复申请。经劳动能力鉴定委员会确认具有康复价值的,可列入康复对象范围,进行工伤康复。工伤职工因日常生活或者就业需要,经劳动能力鉴定委员会确认,可以安装假肢、矫形器、假眼、假牙和配置轮椅等辅助器具的,所需费用按照国家规定的标准由工伤保险基金支付。

3. 停工留薪期待遇

停工留薪期是指职工因工作遭受事故伤害或者患职业病,需要暂停工作接受工伤医疗的治疗期限。在停工留薪期内,职工原工资福利待遇不变,由所在单位按月支付。

停工留薪期一般不超过 12 个月。伤情严重或者情况特殊,经设区的市级劳动能力鉴定委员会确认,可以适当延长,但延长期限不得超过 12 个月。工伤职工评定伤残等级后,停发原待遇,按照《工伤保险条例》有关规定享受伤残待遇。工伤职工在停工留薪期满后仍需治疗的,继续享受工伤医疗待遇。

生活不能自理的工伤职工在停工留薪期需要护理的,其费用由所在单位负责。

4. 生活护理待遇

工伤职工已经评定伤残等级并经劳动能力鉴定委员会确认需要生活护理的,从工伤保险基金中按月支付生活护理费。

生活护理费按照生活完全不能自理、生活大部分不能自理和生活部分不能自理三个不同等级支付,其标准分别为统筹地区上一年度职工月平均工资的 50%、40%、30%。

5. 伤残待遇

职工因工致残,经劳动能力鉴定委员会鉴定为伤残等级后,享受相应级别的伤残待遇。

(1)职工因工致残被鉴定为一级至四级伤残的,保留劳动关系,退出工作岗位,并享受以下待遇:

① 从工伤保险基金按伤残等级支付一次性伤残补助金,标准为:一级伤残为 27 个月的本人工资;二级伤残为 25 个月的本人

工资;三级伤残为 23 个月的本人工资;四级伤残为 21 个月的本人工资。

② 从工伤保险基金按月支付伤残津贴,标准为:一级伤残为本人工资的 90%;二级伤残为本人工资的 85%;三级伤残为本人工资的 80%;四级伤残为本人工资的 75%。伤残津贴实际金额低于当地最低工资标准的,由工伤保险基金补足差额。

工伤职工达到退休年龄并办理退休手续后,停发伤残津贴,按照国家有关规定享受基本养老保险待遇。基本养老保险待遇低于伤残津贴的,由工伤保险基金补足差额。

职工因工致残被鉴定为一级至四级伤残的,由用人单位和职工个人以伤残津贴为基数,缴纳基本医疗保险费。

(2)职工因工致残被鉴定为五级、六级伤残的,享受以下待遇:

① 从工伤保险基金按伤残等级支付一次性伤残补助金,标准为:五级伤残为 18 个月的本人工资;六级伤残为 16 个月的本人工资。

② 保留与用人单位的劳动关系,由用人单位安排适当工作。难以安排工作的,由用人单位按月发给伤残津贴,标准为:五级伤残为本人工资的 70%;六级伤残为本人的 60%,并由用人单位按照规定为其缴纳应缴纳的各项社会保险费。伤残津贴实际金额低于当地最低工资标准的,由用人单位补足差额。

经工伤职工本人提出,该职工可以与用人单位解除或者终止劳动关系,由工伤保险基金支付一次性工伤医疗补助金,由用人单位支付一次性伤残就业补助金。一次性工伤医疗补助金和一次性伤残就业补助金的具体标准由省、自治区、直辖市人民政府规定。

（3）职工因工致残被鉴定为七级至十级伤残的，享受以下待遇：

① 从工伤保险基金按伤残等级支付一次性伤残补助金，标准为：七级伤残为 13 个月的本人工资；八级伤残为 11 个月的本人工资；九级伤残为 9 个月的本人工资；十级伤残为 7 个月的本人工资。

② 劳动、聘用合同期满终止，或者职工本人提出解除劳动、聘用合同的，由工伤保险基金支付一次性工伤医疗补助金，由用人单位支付一次性伤残就业补助金。一次性工伤医疗补助金和一次性伤残就业补助金的具体标准由省、自治区、直辖市人民政府规定。

综上所述，工伤职工医疗终结后，可按照被鉴定的伤残等级，享受一次性发放和定期发放的工伤待遇，详见表 1-1、表 1-2。

表 1-1 工伤医疗终结后一次性发放待遇（一级至十级伤残）

项目	计发基数	计发标准		支付方式
一次性伤残补助金	本人工资	一级	27 个月	基金支付
		二级	25 个月	
		三级	23 个月	
		四级	21 个月	
		五级	18 个月	
		六级	16 个月	
		七级	13 个月	
		八级	11 个月	
		九级	9 个月	
		十级	7 个月	

项目	计发基数	计发标准		支付方式
一次性工伤医疗补助金	按各地具体制定的标准执行	五级至十级	按各地具体制定的标准执行	终结工伤保险关系时从基金支付
一次性伤残就业补助金	按各地具体制定的标准执行	五级至十级	按各地具体制定的标准执行	终结工伤保险关系时由单位支付

表 1-2　　　　　　工伤医疗终结后定期发放的待遇

项目	计发基数	计发标准		支付方式
伤残津贴	本人工资	一级	90%	基金按月支付
		二级	85%	
		三级	80%	
		四级	75%	
		五级	70%	保留劳动关系，难以安排工作的，由单位按月支付
		六级	60%	
生活护理费	统筹地区上年度职工月平均工资	完全不能自理	50%	基金支付
		大部分不能自理	40%	
		部分不能自理	30%	

6．因工死亡待遇

职工因工死亡，其近亲属按照下列规定从工伤保险基金领取丧葬补助金、供养亲属抚恤金和一次性工亡补助金。具体标准如下：

（1）丧葬补助金为 6 个月的统筹地区上一年度职工月平均工资。

（2）供养亲属抚恤金按照职工本人工资的一定比例发给因工

死亡职工生前提供主要生活来源、无劳动能力的亲属。标准为：配偶每月 40％，其他亲属每人每月 30％，孤寡老人或者孤儿每人每月在上述标准的基础上增加 10％。核定的各供养亲属的抚恤金之和不应高于因工死亡职工生前的工资。

（3）一次性工亡补助金标准为工伤发生时上一年度全国城镇居民人均可支配收入的 20 倍。

伤残职工在停工留薪期内因工伤导致死亡的，其近亲属享受以上第（1）、第（2）、第（3）项待遇。一级至四级伤残职工在停工留薪期满后死亡的，其近亲属可以享受以上第（1）、第（2）项待遇。

因工死亡职工补偿待遇详见表 1-3。

表 1-3   因工死亡补偿待遇标准

项目	计发基数	计发标准		支付方式
丧葬补助金	统筹地区上年度职工月平均工资	6 个月		基金支付
一次性工亡补助金	上一年度城镇居民人均可支配收入	20 倍		基金支付
供养亲属抚恤金	本人工资	配偶	40％	基金按月支付，符合工亡职工供养范围条件的亲属可领取
		其他亲属	30％	
		孤寡老人或者孤儿每人每月在上述标准的基础上增加 10％，核定的各供养亲属的抚恤金之和不应高于因工死亡职工生前的工资		

二、其他特殊情形的工伤保险待遇规定

1. 职工因工外出期间发生事故或者在抢险救灾中下落不明的工伤保险待遇处理规定

对于职工因工外出期间发生事故或者在抢险救灾中下落不明的,从事故发生当月起 3 个月内照发工资,从第 4 个月起停发工资,由工伤保险基金向其供养亲属按月支付供养亲属抚恤金。生活有困难的,可以预支一次性工亡补助金 50%。职工被人民法院宣告死亡的,按照职工因工死亡的规定处理。

2. 职工被派遣出国、出境工作的工伤保险待遇处理规定

职工被派遣出境工作,依据前往国家或者地区的法律应当参加当地工伤保险的,参加当地工伤保险,其国内工伤保险关系中止;不能参加当地工伤保险的,其国内工伤保险关系不中止。

3. 分立、合并、转让及承包经营的用人单位的工伤保险待遇处理规定

用人单位分立、合并、转让的,承继单位应当承担原用人单位的工伤保险责任;原用人单位已经参加工伤保险的,承继单位应当到当地经办机构办理工伤保险变更登记。用人单位实行承包经营的,工伤保险责任由职工劳动关系所在单位承担。

4. 职工被借调期间发生工伤事故的工伤保险待遇处理规定

职工被借调期间受到工伤事故伤害的,由原用人单位承担工伤保险责任,但原用人单位与借调单位可以约定补偿办法。

5. 企业破产时工伤保险待遇处理规定

企业破产的,在破产清算时要依法拨付应当由单位支付的工伤保险待遇费用。

三、停止享受工伤保险待遇的情形

工伤职工有下列情形之一的,停止享受工伤保险待遇:

(1) 丧失享受待遇条件的。

(2) 拒不接受劳动能力鉴定的。

(3) 拒绝治疗的。

四、工伤保险待遇申请

根据《工伤保险条例》规定,工伤保险待遇由工伤保险基金、用人单位按规定支付。向工伤保险基金提出工伤保险待遇领取的主要环节包括:工伤职工提出工伤保险待遇申请;经办机构对申请人提交的材料进行审核及受理,待遇核定,出具待遇支付决定并送达用人单位及工伤职工(或其近亲属)。

1. 工伤医疗待遇申请材料

工伤职工申领在医疗机构、工伤康复机构、劳动能力鉴定机构及康复器具装配机构现金结算的相关费用,应提交下列材料:

(1) 身份证、社会保障卡及其他有效身份证明材料复印件。

(2)《认定工伤认定书》复印件。

(3)《劳动能力鉴定(确认)书》。

(4) 疾病诊断证明书复印件。

(5) 门诊、住院收据(发票)、费用明细。

(6) 领取相关待遇必须提供的其他资料。

2. 工伤补偿待遇申请材料

工伤职工申领工伤补偿待遇时,应提交下列材料:

(1)《认定工伤决定书》复印件。

(2) 工伤职工身份证、社会保障卡或其他有效身份证明材料复印件。

(3)《劳动能力鉴定(确认)书》复印件。

(4)领取相关待遇必须提供的其他资料。

3. 工亡待遇申请材料

工亡职工近亲属领取工亡待遇,应提交如下资料:

(1)《认定工伤决定书》复印件。

(2)工亡职工待遇申请人身份证、社会保障卡复印件或其他有效身份证明材料。

(3)工亡职工《死亡证明书》复印件。

(4)工亡职工本人、直系亲属的户口本复印件(原件备查);未上户口的,应提交相关证明资料(如结婚证、子女出生证等)。

(4)工亡职工待遇申领人关系证明公证书原件。

(6)申领供养亲属抚恤金的供养亲属,提供主要生活来源证明材料原件。

(7)申领相关待遇必须提供的其他资料。

4. 工伤保险待遇的申领时限

工伤职工在工伤医疗终结或解除劳动关系后,应当及时向当地社会保险经办部门提出申领工伤保险待遇申请,并办理相关手续。工伤保险待遇发放均有具体的条件和时限要求,按照相关的文件执行。

5. 发生争议时的解决途径

工伤职工或者其近亲属对经办机构核定的工伤保险待遇有异议的,可以在收到认定书之日起60日内向当地人民政府或上一级主管部门申请行政复议,或在收到决定之日起6个月内向人民法院提起行政诉讼。

工伤职工与用人单位发生工伤待遇争议时,可以按照处理劳动争议的有关规定处理,具体包括:职工可以和用人单位自行协商解决;双方在 30 日内向用人单位所在地劳动争议调解委员会申请调解;若经过调解双方达不成协议,当事人一方或双方可在 60 日内向当地劳动争议仲裁委员会申请仲裁,当事人也可以直接申请仲裁;当事人如果对仲裁裁决不服,可以在 15 日内向当地人民法院起诉。

第二章　工伤预防管理

第一节　工伤预防概述

　　我国的工伤保险制度是"工伤预防、工伤补偿、工伤康复"三位一体的保险体系。除了保障工伤职工得到医疗救治和经济补偿以外,还包括促进工伤预防工作,避免和减少工伤事故和职业病的发生,并通过工伤医疗和职业康复,使工伤职工回归社会和重返工作岗位,促进社会的和谐稳定。

一、工伤预防的概念

　　工伤预防是指采用经济、管理和技术等手段,事先防范职业伤亡事故以及职业病的发生,改善和创造有利于安全健康的劳动条件,减少工伤事故及职业病的隐患,保护劳动者在劳动过程中的安全和健康。工伤预防的目的是从源头上减少和避免工伤事故和职业病的发生,最大限度地减少工伤事件。保护劳动者的基本目标是保障其因工作受到事故伤害或患职业病后,能获得医疗救治和经济补偿,保障其基本生活,最高目标应是无伤害;分散企业风险,直接目的是保障企业不至于因工伤事故导致企业经营发生困难,最高目标应是"无风险",故工伤保险制度的最终目标是实现"零工伤"。因此,将工伤预防放在首位是十分必要的。

《安全生产法》第三条明确说明:"安全生产管理,坚持安全第一、预防为主的方针"。工伤预防在促进安全生产、保护劳动者的安全健康方面有着十分重要的意义和作用;同时,安全生产对工伤预防也有着十分重要的促进作用。

第二节　工伤预防管理模式

工伤保险制度下的工伤预防,一般随着工伤保险覆盖面的扩大和统筹层次的提高而得以加强,还体现在工伤保险基金的收支等方面。从工伤保险基金方面来看,工伤预防的管理主要有两类措施:一是费率机制的预防措施,即在收取工伤保险费时通过费率调节达到预防目的,是工伤保险制度内在的预防功能;二是使用工伤保险基金开展的预防措施,这是从工伤保险基金中支出工伤预防费的预防手段,是工伤保险制度外在的预防功能。

一、扩大工伤保险覆盖面

工伤保险作为一种保险,大数法是其一个十分重要的原则,即参加保险者必须有较大的人群才能共同应对风险,才能较好开展工伤预防等工作。以我国工伤保险发展的历史为例可以看出,我国工伤保险制度的覆盖面逐渐扩大,这也是我国工伤预防工作不断深入开展的基础。

2010年,我国根据《国务院关于修改〈工伤保险条例〉的决定》对《工伤保险条例》进行修订。修订后对工伤保险参保范围的规定为:"中华人民共和国境内的企业、事业单位、社会团体、民办非企业单位、基金会、律师事务所、会计师事务所等组织和有雇工的个体工商户(以下称用人单位)应当依照本条例规定参加工伤保险,为本单位全部职工或者雇工(以下称职工)缴纳工伤保险费。中华人民共和国境内的企业、事业单位、社会团体、民办非企业单位、基金会、律师事务所、会计师事务所等组织的职工和个体工商户的雇工。"

由以上规定可以看出,我国工伤保险覆盖面在不断扩大,工伤预防作为工伤保险的一个重要功能,也在不断得到重视和加强。

二、工伤保险费率调控

根据《社会保险法》第三十四条、《工伤保险条例》第八条规定,国家根据不同行业的工伤风险程度确定行业的差别费率,并根据使用工伤保险基金、工伤发生率等情况在每个行业内确定费率档次。根据这些规定,社会保险经办机构根据用人单位使用工伤保险基金、工伤发生率和所属行业费率档次等情况,确定用人单位缴费费率。费率机制的预防措施,是指在筹集工伤保险基金的过程中,采取工伤保险行业差别费率和浮动费率机制,根据用人单位的工伤风险和工伤事故发生情况,及时调整用人单位的缴费费率,即对安全生产状况差、使用工伤保险基金多的用人单位提高缴费比例;对安全生产情况好、使用工伤保险基金少的用人单位降低缴费比例。这实质上是对两种不同情况用人单位的奖惩措施,可以引导用人单位做好工伤预防,利用经济杠杆作用激励和督促用人单位加强安全管理和工伤预防工作。

1. 行业差别费率机制

行业差别费率机制,是指根据不同的行业所面临的工作环境而可能发生伤亡事故的风险和职业的危险程度,分别确定不同比例的工伤保险社会统筹基金缴费率的机制。行业差别费率是工伤保险特有的费率模式。

不同的行业,其工伤事故或者职业病的发生概率是不一样的。反映不同工伤风险的行业划分,一方面要参照国民经济行业分类,另一方面要依据职业安全卫生的经验数据,经验数据则根据事故和职业病统计数据分析得出。这些数据不是单独的事故发生率、职业病发生率等,还包括事故造成的损失率。用人单位费率的确定主要依据企业的规模和所从事的行业,其中企业所从属的行业是考虑费率水平的重要条件,各企业风险程度是确定费率过程中的重要因素。

确定行业差别费率所依据的评价指标主要有以下几种:

(1)工伤事故发生次数。工伤事故发生次数是指单位时间内某行业发生工伤事故的次数总和。

(2)因工伤亡总人数。因工伤亡总人数是指某行业单位时间内因工伤残、死亡的人数之和。

(3)因工伤亡总人次数。因工伤亡总人次数是指某行业单位时间内因工负伤、致残乃至死亡的累积人数与次数之和。这一指标反映行业工伤事故的总体规模,是确定差别费率的重要指标之一。

(4)工伤事故频率。工伤事故频率是指某行业单位时间内每千名职工因工负伤的总人次数。这一指标反映行业或企业内职业伤害发生的程度,说明在职工总体中工伤事件发生的概率高低。

(5)工伤死亡率。工伤死亡率是指某行业单位时间内因工死亡的职工占工伤总人数的比例,这一指标反映工伤事故对职工的伤害程度,说明行业工伤事故的严重程度高低。

2. 浮动费率机制

浮动费率是指在差别费率的基础上,根据企业在一定时期内安全生产状况和工伤保险费用支出情况,在评估的基础上,定期对企业费率予以浮动的办法。浮动费率的目的是利用经济杠杆促进企业重视安全生产,强化工伤预防工作,降低企业伤亡事故率。

浮动费率是与企业的工伤事故率直接挂钩的,企业上年度的事故越多,其下年度的缴费就越多,这就体现出浮动费率的经济杠杆作用。为了利用好浮动费率这个经济杠杆作用,必须制定规范的浮动费率机制,科学地统计分析和评估行业企业的工伤事故率、收支率和工伤保险费用支出情况,调整企业的工伤保险费率。通过调整工伤保险费率促进企业抓好安全生产,减少工伤事故的发生,这是实行浮动费率机制的目的所在。

3. 我国费率机制的运行情况

《工伤保险条例》第八条规定:"工伤保险费根据以支定收、收支平衡的原则,确定费率。国家根据不同行业的工伤风险程度确定行业的差别费率,并根据工伤保险费使用、工伤发生率等情况在每个行业内确定若干费率档次。行业差别费率及行业内费率档次由国务院社会保险行政部门制定,报国务院批准后公布施行。统筹地区经办机构根据用人单位工伤保险费使用、工伤发生率等情况,适用所属行业内相应的费率档次确定单位缴费费率。"自2004年《工伤保险条例》实施以来,我国的工伤保险费率机制已初步建立,并为企业加强安全管理、开展工伤预防起到一定的促进作用。

2015年7月,人力资源和社会保障部、财政部共同发布《关于调整工伤保险费率政策的通知》(人社部发〔2015〕71号),并于2015年10月1日起执行,主要规定如下:

(1)关于行业工伤风险类别划分。按照《国民经济行业分类》(GB/T 4754—2011)对行业的划分,根据不同行业的工伤风险程

度,由低到高,依次将行业工伤风险类别分为一类至八类,如表2-1
所示。

表 2-1 　　　　　　　　　工伤保险行业风险分类

行业类别	行业名称
一	软件和信息技术服务业,货币金融服务,资本市场服务,保险业,其他金融业,科技推广和应用服务业,社会工作,广播、电视、电影和影视录音制作业,中国共产党机关,国家机构,人民政协,民主党派,社会保障,群众团体、社会团体和其他成员组织,基层群众自治组织,国际组织
二	批发业,零售业,仓储业,邮政业,住宿业,餐饮业,电信、广播电视和卫星传输服务,互联网和相关服务,房地产业,租赁业,商务服务业,研究和试验发展,专业技术服务业,居民服务业,其他服务业,教育,卫生,新闻和出版业,文化艺术业
三	农副食品加工业,食品制造业,酒、饮料和精制茶制造业,烟草制品业,纺织业,木材加工和木、竹、藤、棕、草制品业,文教、工美、体育和娱乐用品制造业,计算机、通信和其他电子设备制造业,仪器仪表制造业,其他制造业,水的生产和供应业,机动车、电子产品和日用产品修理业,水利管理业,生态保护和环境治理业,公共设施管理业,娱乐业
四	农业,畜牧业,农、林、牧、渔服务业,纺织服装、服饰业,皮革、毛皮、羽毛及其制品和制鞋业,印刷和记录媒介复制业,医药制造业,化学纤维制造业,橡胶和塑料制品业,金属制品业,通用设备制造业,专用设备制造业,汽车制造业,铁路、船舶、航空航天和其他运输设备制造业,电气机械和器材制造业,废弃资源综合利用业,金属制品、机械和设备修理业,电力、热力生产和供应业,燃气生产和供应业,铁路运输业,航空运输业,管道运输业,体育

行业类别	行业名称
五	林业,开采辅助活动,家具制造业,造纸和纸制品业,建筑安装业,建筑装饰和其他建筑业,道路运输业,水上运输业,装卸搬运和运输代理业
六	渔业,化学原料和化学制品制造业,非金属矿物制品业,黑色金属冶炼和压延加工业,有色金属冶炼和压延加工业,房屋建筑业,土木工程建筑业
七	石油和天然气开采业,其他采矿业,石油加工、炼焦和核燃料加工业
八	煤炭开采和洗选业,黑色金属矿采选业,有色金属矿采选业,非金属矿采选业

（2）关于行业差别费率及其档次确定。不同工伤风险类别的行业执行不同的工伤保险行业基准费率。各行业工伤风险类别对应的全国工伤保险行业基准费率为,一类至八类分别控制在该行业用人单位职工工资总额的 0.2%、0.4%、0.7%、0.9%、1.1%、1.3%、1.6%、1.9%左右。

通过费率浮动的办法确定每个行业内的费率档次:一类行业分为 3 个档次,即在基准费率的基础上,可向上浮动至 120%、150%;二类至八类行业分为 5 个档次,即在基准费率的基础上,可分别向上浮动至 120%、150%或向下浮动至 80%、50%。

各统筹地区人力资源和社会保障部门会同财政部门,按照"以支定收、收支平衡"的原则,合理确定本地区工伤保险行业基准费率具体标准,并征求工会组织、用人单位代表的意见,报统筹地区人民政府批准后实施。

（3）关于单位费率的确定与浮动。统筹地区社会保险经办机构根据用人单位工伤保险费使用情况、工伤发生率、职业病危害情况等因素,确定其工伤保险费率,并依据上述因素变化情况,确定其在所属行业不同费率档次间是否浮动。

三、其他综合性预防措施

其他综合性预防措施,主要是指从工伤保险基金中提取一定比例的工伤预防费,采取教育、技术和经济等措施,提高用人单位和职工的工伤预防意识,改善企业职业安全卫生状况,促进企业加强安全生产,减少工伤事故和职业病的发生。

1. 教育措施

教育措施是指利用工伤保险基金开展工伤预防的宣传、教育与培训等活动,贯彻"安全第一,预防为主,综合治理"方针,普及安全生产和工伤保险知识,提高用人单位和职工工伤预防意识,增强工伤预防能力,从而减少和避免工伤事故和职业病发生。

开展工伤预防的宣传、教育与培训工作,对安全生产和工伤保险有着非常重要的意义,也是国内外工伤预防工作普遍采用的基本措施。通过开展工伤预防的宣传、教育与培训工作,一方面可以提高用人单位和职工做好安全生产管理的责任感和自觉性,帮助其正确认识安全生产和工伤预防工作的重要性,树立"以人为本"的安全价值观和"预防优先"的预防理念。另一方面,能够普及和提高劳动者的工伤预防和职业安全卫生方面的法律、法规、基本知识,增强安全操作技能,做到工作中不伤害自己、不伤害他人,也不被他人所伤害,从而保护自己和他人的安全与健康。

工伤预防的宣传主要包括:媒体宣传活动、政策咨询活动和知识竞赛;制作公益广告和标志;印制和发放宣传资料等。教育培训针对培训内容和培训对象,可灵活选择多种方式方法,如采用讲授法、实际操作演练法、案例研讨法和宣传娱乐法,还可以通过网络视频开展网上培训等。

2. 技术措施

技术措施是指利用工伤保险基金,补助企业开展预防伤亡事故和职业病的技术活动,引导企业对其生产设备、设施和生产工艺等从工伤预防和职业安全卫生的角度进行设计、改造、检测和维护,从而改善企业的职业安全生产状况,减少工伤事故和职业病的发生。另外,技术措施还包括利用基金资助企业开发工伤预防新技术、新产品等科研活动,提高工伤预防的技术水平。

(1) 工伤事故预防的安全技术措施。防止事故发生的安全预防技术是指为了防止事故的发生而采取的约束、限制能量或危险物质,防止其意外释放的技术措施。常用的防止事故发生的预防技术有消除危险源、限制能量或危险物质、隔离等。

(2) 职业健康监护的技术措施。通过预防性健康检查,早期发现职业病有利于及时采取措施,防止职业危害因素所致疾病的发生和发展,还可以为评价劳动条件及职业危害因素对健康的影响提供资料,并有助于发现新的职业性危害因素,是保护劳动者相关权益所不可缺少的。职业病健康监护的内容包括职业健康检查、健康监护档案、健康监护资料分析等几个方面。

① 职业健康检查。职业健康检查可分为就业前健康检查和就业后的定期健康检查两种形式。

a. 就业前健康检查是指对准备从事某种作业的劳动者进行的健康检查,其目的在于:检查受检者的体质和健康状况是否符合参加该作业;是否有职业禁忌证;是否有危及他人的疾患和传染病、精神病等。根据检查结果决定可否从事该作业或安排其他适当工作。取得基础健康状况资料,可供定期检查和动态观察时进行自身对比之用。

b. 定期健康检查是指按照《职业健康监护技术规范》(GBZ 188—2014)的规定,按一定时间间隔对接触职业性危害因素作业工人进行的定期健康检查。其目的是:及时发现职业危害因素对健康的早期影响和可疑征象;早期诊断和处理职业病患者和观察对象及其他疾病患者,防止其发展和恶化;检出高危人群,即对高危害因素易感的人群,作为重点监护对象;发现具有职业禁忌证的工人,以便调离或安排其他适当工作;采取措施防止其他工人健康受损。

另外,职业病普查也是一种健康检查,主要是对接触某种职业危害因素的人群,普遍地进行一次健康检查。通过普查不仅可以发现职业病,还可以检出有职业禁忌证的人和高危人群。

② 健康监护档案。健康监护档案的内容有:职业史和疾病史;职业性危害因素的监测结果及接触水平;职业健康检查结果及处理情况;个人健康基础资料等。

③ 健康监护资料分析。对接触有害因素工人的健康监护资料的统计分析,对指导职业病防治工作有重要意义,可作为职业病预防工作的重要信息资源。

(3) 经济措施。经济措施是指除利用费率机制的经济杠杆作用对企业进行调节以外,对违反国家安全规定、工伤预防工作较差的企业给予处罚,从而引导企业重视工伤预防,进入工伤预防和安全生产的良性轨道。

在经济措施中,一般综合考虑企业的安全生产情况、工伤事故和职业病发生率、工伤保险基金收支率等指标,对企业进行奖励和处罚。

工伤保险利用基金的外在预防措施,除了以上几种措施外,还有一些管理措施,主要是指工伤保险管理机构利用工伤保险基金,研究制定工伤预防工作中有关的规范、技术规程和标准,并对企业执行这些规程、规范和标准的情况进行监督和检查,对企业存在的安全卫生隐患提出咨询意见和修改建议。

综上所述,工伤预防是一项综合性很强的工作,做好该项工作不仅需要有关方面协同配合,还需要社会各方面资源的投入。

第三节　劳动安全控制措施

劳动安全是企业安全生产的一个重要组成部分。建立一套严密的劳动安全防护制度和措施,严格遵守制度、落实措施,确保劳动者的人身安全健康是企业管理者的重要职责,也是每一个企业员工的责任。各级单位的管理者要坚持"安全第一、预防为主、综合治理"的方针,始终把安全工作放在铁路各项工作的首位。

一、作业安全禁止性规定

(1)严禁无作业计划在天窗点外上道。

(2)严禁天窗点前提前上道或天窗点后不及时下道。

(3)严禁未经批准变更作业计划或擅自扩大作业范围。

二、安全防护禁止性规定

(1)严禁未按规定设置施工或作业防护即开始作业。

(2)严禁未经与驻站、防护人员确认列车情况上道。

(3)严禁施工结束后路料、机具未清理并按规定堆码、存放即开通线路。

(4)严禁防护员兼做其他工作。

(5)严禁驻站联络员不掌握全部列车(含调车、作业车、驼峰溜放车辆)运行情况,漏通知现场作业人员。

三、劳动安全"八防"措施

1. 防止车辆伤害

(1) 横越线路必须遵循"一停、二看、三通过"以及"手比、眼看、口呼"规定。

(2) 在线路上作业必须按规定设置防护,穿好黄色防护背心(服),注意瞭望,安全避车。

(3) 作业人员要严格执行部颁人身安全标准。

(4) 严禁扒乘机车车辆或以车代步,禁止从行驶的机车和车辆上跳上跳下。

(5) 严禁钻车底。

(6) 严禁在钢轨上、车底下、枕木头、道心内、棚车顶上坐卧、站立和行走。

2. 防止高处坠落

按照国家标准《高处作业分级规定》(GB/T 3608－2008),凡是在坠落高度基准面 2 m 以上(含 2 m),有可能坠落的高处进行作业,均称为高处作业。

(1) 在高处作业时,作业人员必须戴好安全帽,按规定使用安全带(绳、网)。

(2) 脚手架必须按规定搭设,作业前必须确认机具、设施和用品完好。

(3) 禁止随意攀登石棉瓦等屋(棚)顶。

(4) 禁止在六级及以上大风时进行登高作业。

(5) 严禁患有禁忌证人员登高作业。

(6) 登高扫、抹、擦、吊、架设、堆物时,作业面下必须设置防护。

（7）严禁翻越封闭线路的防护栏。

3. 防止触电伤害

（1）维修电气设备人员，必须持证操作，按规定穿戴好防护用品。

（2）电气设备、线路必须保持完好，禁止使用未装触电保护器的各种手持式电动工具和移动设备。

（3）必须严格按规定在高压线下作业。

（4）电力设备作业必须按规定执行工作票和监护制度，挂"禁止合闸，有人作业牌"。

（5）各种照明、设备等电线路必须完好，线头无裸露，各种插头、插座、闸刀、开关等必须完好无破损，严禁使用电炉，严禁私接乱拉电源线。

（6）发现人员触电，在没有断电前不得用手直接接触触电者身体。

（7）电气化铁路区段作业人员必须严格执行《电气化铁路有关人员电气安全规则》。

4. 防止起重伤害

起重作业人员必须持证操作，严禁多人或无人指挥，必须安排专人指挥。严禁在吊臂下方站立和行走，操作人员必须严格执行起重作业安全操作规程，使用前认真检查吊索具，确保性能良好。

5. 防止物体打击

（1）进入作业区必须按规定使用安全帽等劳动保护用品。

（2）高处和双层作业时，不得向下抛掷料具；无隔离设施时，严禁双层同时垂直作业。

（3）列车通过时，必须面向列车避车，防止落物击伤。

（4）搬运重、大、长物件，必须有专人指挥，动作协调。

（5）使用叉车搬运物件时，严禁超载，物品要摆放平稳，并安排专人防护。使用车辆搬运物件时，应装载牢固。装卸前，应规定作业顺序、方法和预防措施，并安排专人指挥。

6．防止机具伤害

（1）各种机具必须有切合实际的安全操作规程。

（2）严禁机具设备带病或超负荷运转，安全防护装置必须齐全良好。

（3）机具、动力设备要有专人保管。严禁未经专业操作培训人员和无关人员使用机具设备。

（4）使用机具设备时必须按规定正确穿戴劳动保护用品。女职工在操作各种机床、机具时，必须把头发掩入帽内。

（5）进行机械组装时，禁止用手指探试销子孔或用手去确认其吻合状态。

7．防止炸药、锅炉、压力容器爆炸伤害

（1）必须严格按有关规定进行作业和贮存；作业人员必须持证操作；无压设备、设施严禁有压运行。

（2）锅炉、压力容器操作工必须持有效操作证上岗，操作中必须严格遵守安全操作规程。严禁无证人员操作锅炉、压力容器等特种设备。

（3）定期对压力容器进行内、外部检验和气密性试验，对安全阀、压力表等安全附件按规定周期进行校验，检验不合格的不准使用。

（4）锅炉、压力容器操作工要定时对锅炉、压力容器进行清灰、排污并做好记录，对水位表、安全阀、压力表、排污阀要按规定周期检查,其中水位表、压力表、安全阀任何一项失效时,必须停用。

(5)空压机及压力测试台出现故障或发生异常时应立即停用。

(6)乙炔、氧气瓶必须按规定进行定期检验,并在有资质证书和持有营业证、经营许可证的充气站充装。乙炔、氧气瓶必须按规定分开存放,严禁混放;使用时其间隔距离不得少于5 m。氧气瓶与乙炔瓶严禁靠近火焰处或在阳光下暴晒,距明火不得少于10 m的安全距离。

(7)伙食团使用的液化气罐,必须符合国家安全规定,严禁使用无生产许可证厂家的产品。对气压胶管、减压阀要定期检查,气压胶管应当每两年更换一次,发现老化、断裂、失灵立即停用并及时更换。

(8)更换各类储压设备及相关部件必须先关闭进气阀,并将余气排尽,方可开始作业。

8.防止中毒、窒息

(1)有毒物品的运输、装卸、贮存,必须严格按照《铁路危险物运输管理规则》要求严格执行。

(2)使用有毒物品的场所,作业前必须采取通风、吸尘、净化、隔离等措施,并正确使用劳动保护用品。

(3)对有毒作业场所,要定期监测,作业人员要定期进行体检。

(4)食堂、伙食团要严格执行食品卫生制度,不买、不卖腐烂变质的食物,防止食物中毒。炊事员及服务人员每年要进行体检,患有传染病的人员,不得从事伙食团的烹饪、服务工作;储放食品的电冰箱等用品要定期清洗消毒。

第四节　安全生产管理措施

一、安全生产规章制度

1. 安全生产规章制度的定义

安全规章制度是指生产经营单位依据国家有关法律法规、国家和行业标准，结合生产、经营的安全生产实际，以生产经营单位名义起草颁发的、有关安全生产的规范性文件。一般包括规程、标准、规定、措施、办法、制度、指导意见等内容。

2. 建立安全生产规章制度的意义

生产经营单位要实施有效的安全生产管理，履行其保护职工安全、健康的法定义务，落实"安全第一，预防为主，综合治理"的安全生产方针，就必须建立健全有效的组织保障体系、规章制度保障体系和措施保障体系。这三大体系的具体体现就是以生产责任制为核心的安全生产管理规章制度体系。

生产经营单位安全生产管理规章制度可分为以下三大类：一是以生产经营单位生产责任制为核心的安全生产总则；二是各种单项制度，如安全生产的教育检查制度、安全技术措施计划管理制度、特种作业人员培训制度、危险作业审批制度、伤亡事故管理制度、职业卫生管理制度、特种设备安全管理制度、电气安全管理制度、消防安全管理制度等；三是岗位安全操作规程。

3. 安全生产规章制度的主要内容

一般生产经营单位制定的安全生产规章制度的主要内容如下，特殊或专项作业项目的安全生产制度可结合自身要求加以制定。

（1）安全教育培训制度。安全教育培训制度应包括以下内容：

① 为确保安全生产,增强本单位职工安全生产意识和安全生产知识,生产经营单位要采取多种形式进行宣传教育,可以利用网络、版报、安全课、班前班后会议等形式,积极开展经常性的安全生产教育。

② 对新入职的员工,生产经营单位要进行段级、车间、班组的三级安全生产教育经考试合格后方能上岗,并做好三级教育卡的备案记录工作。

③ 转岗职工、重新上岗职工必须进行安全教育并经考试合格。

④ 特种作业人员在上岗前必须进行专业技术培训,持有关部门颁发的有效证件方可上岗。

⑤ 培训内容和时间应符合相关要求。

⑥ 发生工伤事故后,主管部门要分析事故原因,根据事故原因对职工进行针对性的教育。

⑦ 安全生产教育后,由安全科或教育科将授课及考试资料归档。

（2）安全生产检查制度。各生产经营单位结合本单位的实际,在编制检查制度中,应列出工作现场的检查重点内容、检查责任人、检查时间、检查后整改措施等内容。

① 单位应每月进行一次安全生产检查。对安全生产责任制、安全生产制度的落实检查,结合季节变化开展季节性检查、排查并及时消除事故隐患。

② 各车间每周进行一次安全生产检查,主要检查机器设备、设施的安全生产状况,排查事故隐患。

③ 班组每日进行一次安全生产检查,主要检查职工是否遵守操作规程,是否按规定佩戴个人安全防护用品,及时纠正违章现象。

④ 单位专兼职安全员定时巡检,及时发现事故隐患。

⑤ 所有检查结果要有记录,对检查出的隐患或违反规定的行为应及时上报,并立即排除。

(3)安全生产奖惩制度。安全生产奖惩制度的编制应结合本单位不同岗位而制定,应找出各岗位容易发生的违反规定、违反标准、违反操作规程的行为;找出各部门及单位领导在岗位责任制中易发生违反规定的范围,并根据情节轻重制定出单位的处罚标准和奖励的有关条款。

(4)生产安全事故的报告和处理制度:

① 发生生产安全事故后,应立即上报上级安全主管部门,主管部门根据事故情况上报有关部门处理。

② 发生生产安全事故后,事故部门或个人要保护好现场,不得将事故现场随意变动或恢复。

③ 发生事故的部门或事故当事人要积极协助调查分析,不得隐瞒事故真相。

④ 对发生事故的各类工伤事故要按照"四不放过"的原则,查明原因,分清责任,接受教育,提出处理意见,建立防范措施。

(5)个人防护用品管理制度。生产经营单位结合自身实际情况编制个人防护用品管理制度,具体内容包括:

① 发放防护用品名称、使用年限和发放部门。

② 个人防护用品的标准和范围。

③ 个人防护用品的采购部门及质量保障要求。

④ 回收的时限和负责部门。

⑤ 丢失或损坏的处理标准和补发条款。

⑥ 职工使用防护用品的要求。

（6）设备安全管理制度。设备安全管理制度的编制应包括以下内容：

① 设备的选购要满足安全技术要求。

② 设备的维护、保养、时限和方法。

③ 设备应具有可靠的安全防护装置。

④ 设备的危险部位和维修措施。

⑤ 对设备的安全生产检查的时限和内容。

⑥ 设备操作人员的培训和持证要求。

⑦ 设备异常情况的紧急处置措施。

（7）危险作业管理制度。危险作业一般包括吊装作业、拆除作业、高处作业、密闭空间作业、焊接与切割作业、电气设备使用、调车作业、机动车辆作业、手持电动工具作业等。

危险作业管理制度的编制应明确以下内容：

① 本单位危险作业的批准部门和批准程序。

② 现场保护措施。

③ 责任人、现场指挥员、现场操作人员、现场防护人员。

④ 操作人员必须持有的特种作业证件。

⑤ 正确佩戴和使用防护用品。

⑥ 要做好的现场记录。

（8）安全操作规程。安全操作规程是职工操作机械和调整仪器仪表以及从事其他作业时必须遵守的程序和注意事项。

各生产经营单位应根据本单位的机械设备种类和台数，实行一机一操作规程。

二、安全生产责任制

1. 安全生产责任制及其重要作用

（1）安全生产责任制的概念。安全生产责任制是企业岗位责任制的一个组成部分，是企业中最基本的一项安全制度，也是企业安全生产、劳动保护管理制度的核心。安全生产责任制是根据我国的安全生产方针"安全第一、预防为主、综合治理"和安全生产法规以及"管生产必须管安全"这一原则，建立的各级领导、职能部门、工程技术人员、岗位操作人员在劳动生产过程中对安全生产层层负责的制度，是将以上所列的各级负责人员、各职能部门及其工作人员和各岗位生产人员在安全生产方面应做的事情和应负的责任加以明确规定的一种制度。

安全生产责任制是经过长期的安全生产、劳动保护管理实践证明的成功制度与措施。国务院早在1963年3月30日就颁布了《关于加强企业生产中安全工作的几项规定》（即《五项规定》）。《五项规定》要求，企业的各级领导、职能部门、相关工程技术人员和生产工人在各自生产过程中应负的安全责任必须加以明确的规定。《五项规定》还要求，企业的各级领导在管理生产的同时，必须负责管理安全工作，认真贯彻执行国家有关劳动保护的法令和制度，在计划、布置、检查、总结、评比生产的同时，做好计划、布置、检查、总结、评比安全工作（即"五同时"制度）；企业的各有关专职机构，都应当在各自的业务范围内，对实现安全生产的要求负责；企业都应根据实际情况加强劳动保护机构或专职人员的工作；企业各生产小组都应设置不脱产的安全生产管理员；企业职工应自觉遵守安全生产规章制度。

（2）企业建立安全生产责任制的意义。建立安全生产责任制的重要意义主要体现在以下两方面：

一是落实我国安全生产方针和有关安全生产法规和政策的具体要求。《安全生产法》规定：生产经营单位必须建立健全安全生产责任制。

二是通过明确责任使各级各类人员真正重视安全生产工作，对预防事故和减少损失进行事故调查和处理、建立和谐社会等具有重要作用。生产经营单位是安全生产的责任主体，生产经营单位必须建立安全生产责任制，把"安全生产、人人有责"从制度上固定下来；生产经营单位法人代表要切实履行本单位安全生产第一责任人的职责，把安全生产的责任落实到每个环节、每个岗位、每个人，从而增强各级管理人员的责任心，使安全管理工作既做到责任明确，又互相协调配合，共同努力把安全生产工作落到实处。

2. 建立安全生产责任制的要求

建立一个完善的安全生产责任的总要求是横向到边、纵向到底，并由生产经营单位的主要负责人组织建立。建立的安全生产责任制具体应满足如下要求：

（1）必须符合国家安全生产法律法规、政策和方针的要求。

（2）与生产经营单位管理体制协调一致。

（3）要根据本单位、部门、班组、岗位的实际情况制定，既明确、具体，又具有操作性，防止形式主义。

（4）有专门的人员与机构制定和落实，并应适时修订。

（5）应有配套的监督、检查等制度，以保证安全生产责任制得到真正落实。生产经营单位的主要负责人在管理生产的同时，必须负责管理事故预防工作。在计划、布置、检查、总结、评比生产的时候，同时做好计划、布置、检查、总结、评比事故预防工作。事故预防工作必须由行政一把手负责,各级主要负责人在安全管理上都负第一位责任。

3. 安全生产责任制的主要内容

安全生产责任制主要包括以下两个方面内容:

一是纵向方面,即从上到下所有类型人员的安全生产职责。在建立责任制时,首先将本单位从主要负责人一直到岗位工人分成相应的层级,然后结合本单位的实际工作,对不同层级的人员在安全生产中应承担的职责做出规定。

二是横向方面,即各职能部门(包括党、政、工、团)的安全生产职责。在建立责任制时,可按照本单位职能部门的设置,分别对其在安全生产中应承担的职责做出规定。

生产经营单位在建立安全生产责任制时,在纵向方面至少应包括下列几类人员:

(1)生产经营单位主要负责人。生产经营单位的主要负责人是本单位安全生产的第一责任者,对安全生产工作全面负责。《安全生产法》第十七条将生产经营单位的主要负责人的安全生产职责定义为:

① 建立、健全本单位安全生产责任制。

② 组织制定本单位安全生产规章制度和操作规程。

③ 保证本单位安全生产投入的有效实施。

④ 督促、检查本单位的安全生产工作,及时消除生产安全事故隐患。

⑤ 组织制定并实施本单位的生产安全事故应急救援预案。

⑥ 及时、如实报告生产安全事故。

各单位可根据本单位的实际情况,结合上述 6 个方面内容,对主要负责人的职责做出具体规定。

（2）生产经营单位其他负责人。生产经营单位其他负责人的职责是协助主要负责人搞好安全生产工作。不同的负责人管的工作不同，应根据其具体分管工作，对其在安全生产方面应承担的具体职责做出规定。

（3）生产经营单位职能管理机构负责人及其工作人员。各职能部门都会涉及安全生产职责，需要根据各部门职责分工做出具体规定。各职能部门负责人的职责是按照本部门的安全生产职责，组织有关人员做好本部门安全生产责任制的落实，并对本部门职责范围内的安全生产工作负责；各职能部门的工作人员则是在各自职责范围内做好有关安全生产工作，并对自己职责范围内的安全生产工作负责。

（4）班组长。班组是单位的细胞，也是搞好安全生产工作的关键。班组长全面负责本班组的安全生产，是安全生产法律、法规和规章制度的直接执行者。班组长的主要职责是贯彻执行本单位对安全生产的规定和要求，督促本班组的工人遵守有关安全生产规章制度和安全操作规程，切实做到不违章指挥，不违章作业，遵守劳动纪律。

（5）岗位工人。岗位工人对本岗位的安全生产负直接责任。岗位工人要接受安全生产教育和培训，遵守有关安全生产规章和安全操作规程，不违章作业，遵守劳动纪律。特种作业人员必须接受专门的培训，经考试合格并取得操作资格证书后，方可上岗作业。

三、安全生产标准化建设

1. 标准

标准是对重复性事物和概念所做的统一规定。它以科学、技术和实践经验的综合成果为基础,经有关方面协商一致,由主管机构批准,以特定形式发布,作为共同遵守准则和依据。

标准的定义包含以下几个方面的含义:

(1)标准的本质属性是一种"统一规定"。这种统一规定是作为有关各方"共同遵守的准则和依据"。

(2)标准制定的对象是重复性事物和概念。所谓"重复性"指的是同一事物概念反复多次出现的性质。

(3)标准产生的客观基础是"科学、技术和实践经验的综合成果"。标准是科学技术成果,又是实践经验的总结。

(4)制定标准过程要"经有关方面协商一致"。

(5)标准文件应当有其自己一套特定格式和制定颁布的程序。

2. 企业作业安全标准化建设的重点内容

(1)作业过程标准化。作业过程标准化首先体现在作业程序的标准化,包括宏观和微观两个方面。宏观方面如工序衔接的标准,作业人员轮班(交接班)的标准等;微观方面主要是某个操作的程序。其次,作业过程标准化还体现在作业方法标准化上。作业方法标准比作业程序标准更为综合,它主要是指完成某项任务过程中各要素的配置情况,如人员、手段、器具、材料、运作方式、作业组织等的配置情况。

(2)人员行为的标准化。所以人员行为的标准化对安全具有重要意义。从操作者自身来说,穿戴应符合作业规范,使用劳动防护用品也应标准化。作为作业过程的指挥者,其指挥动作应标准化,指挥动作的标准应符合安全、准确、经济原则,如指挥的位置、姿势、动作幅度、速度、动作要素和运动轨迹范围和安全要点等都应标准化,满足安全、舒适、准确、高效的要求。

作业中的交流应标准化,包括交流手势标准,语言、口令标准,交流方式标准等,一般应使用普通话。操作中具体使用什么语言、口令应按一定的规则设计,尤其对险情信号的交流更应标准化。

(3)作业环境标准化。所谓作业环境标准化是指应做到标准化的作业现场,要求作业设备装置性能良好、安装合格;按标准配备性能良好的安全设施,装设安全标志及安全标志牌;工具材料摆放整齐、标准化;作业环境卫生标准化;文明生产;等等。

(4)作业设备检修标准化。设备运行过程应按一定的要求进行监护,这种监护应程序化、标准化。对各种类型的设备,应根据其特点制定检查、维护、定期修理的标准,同时对于检查维修过程也应标准化。

(5)作业管理标准化。作业管理标准化包括管理制度标准化、安全信息标准化、安全业务活动标准化。管理制度标准化就是使安全管理各项制度的执行标准化,包括安全检查制度、安全教育制度、事故分析制度、隐患处理制度、紧急事故处理程序、职工安全准则和班组安全工作制度等。

此外,作业标准化还要求做到安全信息标准化和安全业务活动标准化。

四、安全生产检查

安全生产检查是指对生产过程及安全管理中可能存在的隐患、有害与危险因素、缺陷等进行查证,以确定隐患或有害与危险因素、缺陷的存在状态,以及它们转化为事故的条件,以便制定整改措施、消除隐患和有害与危险因素,确保生产安全。为全面贯彻落实中共中央、国务院《关于推进安全生产领域改革发展的意见》(中发〔2016〕32号),牢固树立安全发展理念,坚持"安全第一、预防为主、综合治理"的方针,始终把安全工作放在铁路各项工作的首位,坚持目标导向和问题导向,严格履行企业安全生产法定责任,督促总公司所属铁路运输企业加强安全管理,持续强化安全基础,督导安全风险管控和隐患排查治理,及时解决安全突出问题,增强安全防范治理能力,根据国务院安全生产委员会《安全生产巡查工作制度》等有关规定,建立中国铁路总公司安全生产巡查工作制度。

1. 总体要求

安全生产巡查应以防范、遏制安全事故为重点,坚守确保高铁和旅客安全万无一失的理念,围绕"强基达标、提质增效"工作主题,关口前移、超前防范,以检查、诊断、剖析、评估为主要手段,找准安全基础、安全生产全过程管控等方面的突出问题,聚焦安全责任落实,着力堵塞管理漏洞,指导和推动问题整改,提出加强安全生产工作建议。

2. 巡查组人员组成

安全生产巡查组在中国铁路总公司安委会的领导下开展工作。

巡查组由中国铁路总公司分管副总经理或安全总监任安全生产巡查组组长,安监局、相关部门负责人及辖区特派员任副组长,人员组成由巡查组组长确定。

3. 巡查工作程序

(1)由安全生产巡查组制定具体巡查方案,组织巡查组成员集中培训。

(2)进驻被巡查单位,向被巡查单位通报巡查工作任务,开展安全生产巡查。原则上,安全生产巡查组在被巡查单位工作时间为 10 日左右。

（3）巡查工作结束后，与被巡查单位主要领导交换意见，向被巡查单位反馈相关巡查情况，指出问题和事故隐患，有针对性地提出加强安全工作意见。

（4）巡查工作结束后两周内，安全生产巡查组向铁路总公司领导报送安全生产巡查工作情况报告。

（5）被巡查单位收到巡查组反馈的意见后，应认真组织整改，并在 1 个月内将整改情况报送总公司安委会办公室。

4. 巡查工作主要内容

（1）贯彻落实《安全生产法》《铁路安全管理条例》等法律法规，以及中央领导关于加强安全生产工作的重要指示、批示和党中央、国务院重要决策部署情况；贯彻落实铁路总公司党组和安委会安全生产工作部署要求，推进年度和阶段性安全重点工作落实等情况。

（2）以铁路运输企业领导班子、主要处室和站（段）负责人为重点，巡查各层级全员安全生产责任制建立和安全生产职责履行情况。必要时，延伸到车间班组和现场。

（3）强化安全基础，加强专业技术管理，严格技术规章和标准编制，提高职工队伍素质，发挥设备设施的安全保障作用，推进人防、物防、技防"三位一体"安全保障体系建设。

（4）从管理源头强化高铁和旅客安全，落实安全风险管控和安全隐患排查治理双重预防机制，落实安全生产专项整治措施，加强安全关键环节及设备源头质量管控等情况。

（5）加强安全法治化建设，推进安全生产标准化建设，事故调查处理、事故暴露问题整改和及时如实报送事故信息，以及有关安全生产举报信息的核查处理等情况。

（6）铁路总公司党组和安委会确定的其他情况。

5．巡查工作的形式

根据党中央、国务院安全生产决策部署，结合总公司安全生产情况、强化安全基础、防范遏制安全事故和加强安全管理需要，适时开展以下形式的安全生产巡查：

（1）全面巡查。以贯彻落实"强基达标、提质增效"工作主题为主线，从强化基层、基础、基本功，构建科学务实的人防、物防、技防"三位一体"安全保障体系，全面落实安全生产责任制，加强安全管理，强化安全风险管控和隐患排查治理，持续增强安全防范治理能力等方面，开展全面巡查。

（2）专项巡查。以贯彻落实党中央、国务院安全生产决策部署和法律法规、政策，坚决确保高铁和旅客安全万无一失为重点，紧密结合铁路深化改革、安全重点工作落实、重大安全隐患治理、运输生产组织方式变化、教育培训、重大技术装备投入运营、设备源头质量管理、新线运营安全管理、劳动安全管理、特种设备安全管理、季节性安全生产特点等方面，开展专项巡查。

（3）典型巡查。对典型的失职失责、安全重点工作落实不力、安全管理问题突出、专业技术管理薄弱、设备源头质量缺陷、事故迟报瞒报等方面，开展典型巡查。

（4）回头看巡查。对前期巡查指出问题、事故暴露问题、监督检查指出问题的整改落实，以及上报已落实的重点工作，开展回头看巡查。

6．巡查工作的方式

安全生产巡查组根据被巡查单位的实际情况，采取以下方式开展巡查：

（1）听取被巡查单位的安全生产工作汇报和有关部门的专题

汇报,与有关人员个别谈话询问情况。

（2）召开不同层面的座谈会,掌握安全管理现状和突出问题。

（3）调阅有关文件、档案、会议记录等资料。

（4）对突出安全问题频发、安全管理不稳定的单位进行深入剖析、重点帮促。

（5）受理安全生产问题举报,处置被巡查单位安全生产方面的来信、来电、来访等,查实问题,督办落实整改。

7. 巡查问题处置

（1）安全生产巡查组对巡查过程发现的安全问题建立问题清单,突出问题在总公司安委会上通报并提出解决建议,重大事故隐患由总公司安委会挂牌督办。

（2）对举报反映的事故隐患,填记《安全生产巡查问题举报件转办表》,经巡查组组长批准后,交被巡查单位核实后处置。被巡查单位必须在 5 个工作日内向巡查组报告核实与处置情况;对举报反映的生产安全事故,按规定权限组织调查处理。

（3）对安全生产巡查发现的突出安全问题责任不落实、整改不力的部门和单位,进行全路通报;对安全隐患整改久拖不决,导致事故发生的责任人员,依规追究安全责任。

（4）巡查中发现的有关违法违规违纪问题,依据干部管理权限和职责分工,移交有关部门和相关单位调查处理。

8. 相关工作要求

（1）安全生产巡查工作要严格遵守国家有关法律、法规、规章和党风廉政规定,严守总公司机关工作纪律和保密规定;严格按照总公司安委会赋予的权限、职责,公正、廉洁开展工作,确保安全生产巡查工作取得实效。

（2）被巡查单位不得瞒报或向安全生产巡查组提供失真、失实情况;不得拒绝或不按要求向安全生产巡查组提供相关资料;不得干扰、阻挠巡查工作。

五、安全事故报告、调查与处理

1. 事故报告的原则要求

事故报告是安全生产工作中的一项十分重要的内容,事故发生后,及时、准确、完整地报告事故,通过科学及时地救护,减少事故造成的人员伤害、财产损失和对公共安全影响的程度,对尽快恢复铁路运输生产正常秩序,开展事故调查具有十分重要的意义。

《生产安全事故报告和调查处理条例》第四条第一款规定:事故报告应当及时、准确、完整,任何单位和个人对事故不得迟报、漏报、谎报或者瞒报。

《安全生产法》第七十条、第七十一条对事故的报告做出了如下规定:

生产经营单位发生生产安全事故后,事故现场有关人员应当立即报告本单位负责人。单位负责人接到事故报告后,应当迅速采取有效措施,组织抢救,防止事故扩大,减少人员伤亡和财产损失,并按照国家有关规定立即如实报告当地负有安全生产监督管理职责的部门,不得隐瞒不报、谎报或者迟报,不得故意破坏事故现场、毁灭有关证据。

负有安全生产监督管理职责的部门接到事故报告后,应当立即按照国家有关规定上报事故情况。负有安全生产监督管理职责的部门和有关地方人民政府对事故情况不得隐瞒不报、谎报或者拖延不报。

2. 生产安全事故报告责任

《安全生产法》和《生产安全事故报告和调查处理条例》都明

确规定了事故报告责任,下列人员和单位负有事故报告的责任:

(1) 事故现场有关人员。

(2) 事故发生单位的主要负责人。

(3) 安全生产监督管理部门。

(4) 负有安全生产监督管理职责的有关部门。

(5) 有关地方人民政府。

事故单位负责人既有向县级以上人民政府安全生产监督管理部门报告的责任,又有向负有安全生产监督管理职责的有关部门报告的责任,即事故报告是两条线,实行双报告制。

3. 生产安全事故报告程序和时限

根据《生产安全事故报告和调查处理条例》有关规定,事故现场有关人员、事故单位负责人和有关部门应当按照下列程序和时间要求报告事故。

(1) 事故发生后,事故现场有关人员应当立即向本单位负责人报告;情况紧急时,事故现场有关人员可以直接向事故发生地县级以上人民政府安全生产监督管理部门和负有安全生产监督管理职责的有关部门报告。

(2) 单位负责人接到事故报告后,应当于1小时内向事故发生地县级以上人民政府安全生产监督管理部门和负有安全生产监督管理职责的有关部门报告。

(3) 安全生产监督管理部门和负有安全生产监督管理职责的有关部门接到事故报告后,应当按照事故的级别逐级上报事故情况,并报告同级人民政府,通知公安机关、劳动保障行政部门、工会和人民检察院,且每级上报的时间不得超过2小时。

① 特别重大事故、重大事故逐级上报至国务院安全生产监督管理部门和负有安全生产监督管理职责的有关部门。

② 较大事故逐级上报至省、自治区、直辖市人民政府安全生产监督管理部门和负有安全生产监督管理职责的有关部门。

③ 一般事故上报至设区的市级人民政府安全生产监督管理部门和负有安全生产管理职责的有关部门。

④ 国务院安全生产监督管理部门和负有安全生产监督管理职责的有关部门以及省级人民政府接到发生特别重大事故、重大事故的报告后,应当立即报告国务院。必要时,安全生产监督管理部门和负有安全生产监督管理职责的有关部门上报事故情况。

4. 事故报告的内容

根据《生产安全事故报告和调查处理条例》有关规定,事故报告的内容应当包括事故发生时单位概况,事故发生的时间、地点、简要经过和事故现场情况,事故已经造成或者可能造成的伤亡人数和初步估计的直接经济损失,以及已经采取的措施等。事故报告后出现新情况的,还应当及时补报。

(1) 事故发生单位概况。事故发生单位概况应当包括单位的全称、所处地、所有制形式和隶属关系、生产经营范围和规模、持有各类证照的情况、单位负责人的基本情况以及近期的生产经营状况等。

(2) 事故发生的时间、地点以及事故现场情况。报告事故发生的时间应当尽量精确到分钟。报告事故发生的地点要准确,除事故发生的中心地点外,还应当报告事故波及的区域。报告事故现场的情况应当全面,不仅应当报告现场的总体情况,还应当报告现场的人员伤亡情况、设备设施的毁损情况;不仅应当报告事故发生后的情况,还应当尽量报告事故发生前的现场情况。

(3) 事故的简要经过。事故的简要经过是对事故全过程的简要叙述。描述要前后衔接、脉络清晰、因果相连。

(4)事故已经造成或者可能造成的伤亡人数(包括下落不明的人数)和初步估计的直接经济损失。由于人员伤亡情况和经济损失情况直接影响事故等级的划分,并因此决定事故的调查处理等后续重大问题,在报告这方面情况时应当谨慎细致、力求准确。

(5)已经采取的措施。已经采取的措施主要是指事故现场有关人员、事故单位负责人、已经接到事故报告的安全生产管理部门为减少损失、防止事故扩大和便于事故调查所采取的应急救援和现场保护等具体措施。

(6)事故的补报。事故报告后出现新情况的,应当及时补报。自事故发生之日起 30 日内,事故造成的伤亡人数发生变化的,应当及时补报。道路交通事故、火灾事故自发生之日起 7 日内,事故造成的伤亡人数发生变化的,应当及时补报。

5. 事故现场调查

事故内部调查应坚持以事实为依据,以法律、法规及铁路总公司管理制度为准绳,认真调查分析,查明原因,认定损失,提出责任认定意见,总结教训,提出整改措施。

(1)发生事故后,总公司或事故发生地铁路运输企业应成立内部调查组,开展企业内部调查,查明事故发生的经过、原因、人员伤亡情况及直接经济损失,分析存在的问题,提出防范和整改措施建议。

(2)较大及以上事故由总公司成立内部调查组。组长由总公司负责人或指定人员担任,安监局、运输局、铁路公安局等部门和特派办、相关铁路运输企业派员参加。

(3)涉及高铁、动车、客车的一般 A 类、B 类、C 类行车事故由特派办成立内部调查组。组长由事故发生地特派办特派员(副特派员)担任,特派办、相关铁路运输企业、铁路公安局派员参加。

（4）其他一般事故由事故发生地总公司所属铁路运输企业成立内部调查组。组长由事故发生地铁路运输企业负责人或指定人员担任，安监室、有关业务处室、铁路公安机关等部门派员参加。

总公司认为必要时，也可直接组织对一般事故的内部调查。

（5）事故发生后，事故发生地铁路运输企业应立即报告总公司，同时报告特派办。发生一般 B 类及以上事故，涉及其他铁路运输企业时，事故发生地铁路运输企业应当在事故发生后 12 小时内发出电报通知相关铁路运输企业。相关铁路运输企业接到电报后，应当立即派员参加内部调查组。

（6）内部调查组履行下列职责：

① 查明事故发生的经过、原因、人员伤亡情况及直接经济损失。

② 提出事故性质和事故责任的认定意见。

③ 总结教训，提出防范和整改措施建议。

④ 提交事故内部调查报告。

（7）内部调查组在事故发生后，应当指派事故发生地铁路运输企业及时通知相关单位和人员；一般 B 类及以上的事故发生后，应当在 12 小时内通知相关单位，接受调查。

（8）内部调查组到达现场前，组织调查组的机关可指定临时调查组组长，组成临时调查组，现场调查，掌握人员伤亡、机车车辆脱轨、设备损坏、货物损失等情况，保存痕迹和物证，查找事故线索及原因，做好调查记录，及时向内部调查组报告。

（9）内部调查组到达后，涉及事故的有关单位必须主动汇报事故现场真实情况，并为事故调查提供便利条件。事故涉及单位的负责人和有关人员在事故调查期间应当随时接受内部调查组的询问,如实提供有关资料和物证。

内部调查组有权向有关单位和个人了解与事故有关的情况,并要求其提供相关文件、资料,有关单位和个人不得拒绝。

(10)内部调查组根据需要,可组建若干专业小组,进行调查取证。

(11)事故内部调查中需要对相关的铁路设备、设施进行技术鉴定或者对人身伤害、财产损失状况进行评估的,内部调查组可委托中国铁道科学研究院、中国铁路经济规划研究院进行技术鉴定或者评估,必要时也可委托具有国家规定资质的其他机构进行技术鉴定或者评估。技术鉴定或者评估所需时间不计入事故调查期限。

(12)各专业小组应按内部调查组组长的要求,及时提交专业小组调查报告。内部调查组组长应组织审议专业小组调查报告,研究形成《铁路交通事故内部调查报告》,报告应由内部调查组所有成员签认。内部调查组成员意见不一致时,应在事故报告中分别进行表述,报组织调查的机关审议、裁定。

(13)事故内部调查中发现涉嫌违法犯罪的,应当及时将有关证据、材料移交公安机关处理。

(14)《铁路交通事故内部调查报告》应包括下列内容:

① 事故概况。

② 事故造成的人员伤亡和直接经济损失。

③ 事故发生的原因和事故性质。

④ 事故责任的认定以及对事故责任者的处理建议。

⑤ 事故防范和整改措施建议。

⑥ 与事故有关的证明材料。

(15)内部调查组应在下列期限内向组织事故调查组的机关

提交《铁路交通事故内部调查报告》：一般事故原则为 5 日，较大及以上事故原则为 10 日。事故调查期限自事故发生之日起计算。内部调查组不需要出具事故认定相关材料。

（16）总公司发现铁路运输企业事故内部调查不准确时，应予以纠正。必要时，可另行组织调查。

（17）内部调查组成员在事故内部调查工作中应诚信、公正、恪尽职守，遵守内部调查组的纪律，保守事故内部调查的秘密。未经内部调查组组长允许，内部调查组成员不得擅自发布有关事故的调查信息。

（18）总公司安监局、运输局、铁路公安局等相关部门应加强对铁路运输企业内部事故调查工作的指导监督。特派办应加强对辖区铁路局内部事故调查工作的检查监督指导。

（19）总公司所属铁路运输企业负责内部调查的一般 A 类行车事故由总公司成立事故内部调查指导组（以下简称指导组）。组长由总公司负责人或指定人员担任，安监局、运输局、铁路公安局等部门和特派办派员参加。

总公司认为必要时，可以对其他一般事故内部调查进行指导监督。

（20）总公司所属铁路运输企业负责内部调查的一般 B 类、C 类行车事故由特派办成立指导组。组长由事故发生地特派办特派员（副特派员）担任。根据需要，总公司可指定特派办对其他事故进行内部调查指导。

（21）发生事故后，指导组应第一时间赶赴事故现场。尽快收集事故第一手资料，了解事故情况，对事故原因进行初步判断。特派办指导组应第一时间向总公司安监局报告，并提交初步调查情况报告。

（22）指导组要对事故进行深入全面的分析，提出进一步完善和规范铁路安全管理的意见和建议。调查指导工作结束后，指导组应形成《事故内部调查指导报告》。特派办指导组《事故内部调查指导报告》向总公司安监局提交。

（23）《事故内部调查指导报告》内容应符合《铁路交通事故调查处理规则》相关要求，做到事实清楚、证据确凿、材料完整、表述严谨，对铁路运输企业甚至全路吸取事故教训、完善和规范安全管理具有指导和借鉴意义。

（24）指导组除《事故内部调查指导报告》外，不出具事故认定相关材料。特派办应加强对辖区铁路运输企业事故责任认定、责任追究、整改落实等情况的督导。

（25）指导组应加强对铁路运输企业事故内部调查处理工作的指导。指导铁路运输企业以事实为依据，以法律、法规、规章为准绳，认真调查分析，查明事故原因，准确定性定责，严肃追究责任，深入总结教训，落实整改措施。

6. 事故原因分析

事故原因的调查分析包括事故直接原因和间接原因的调查分析。调查分析事故的直接原因就是分别对人和物的因素进行深入、细致的追踪，弄清在人和物方面所有的事故因素。明确它们的相互关系和所占的重要程度，从中确定事故发生的直接原因。

事故间接原因的调查就是调查分析导致人的不安全行为、物的不安全状态，以及人、物、环境的失调得以产生的原因，弄清为什么存在不安全行为和不安全状态，为什么没能在事故发生前采取措施，预防事故的发生。

导致事故发生的原因是多方面的，概况主要有以下三个方面的原因：

（1）劳动过程中设备、设施和环境等因素造成的原因。这些因素包括：生产环境的优劣，生产设备的状态，生产工艺是否合理，原材料的毒害程度。这些是硬件方面的原因，属于比较直接的原因。

（2）安全生产管理方面的因素造成的原因。主要包括安全规章制度是否完善，安全生产责任制是否落实，安全生产组织机构是否开展有效，安全生产经费是否到位，安全生产宣传教育工作的开展情况，安全防护装置的保养状况，安全警告标志和逃生通道是否齐全等。

（3）事故肇事人的状况造成的原因。主要包括其操作水平，熟练程度，经验是否丰富，精神状态是否良好，是否违章操作等。人的因素是事故原因中主要因素，需要重点分析，也是事故发生发展的关键原因。

对事故的分析首先要从专项技术的角度来分别探讨事故的技术原因，然后从事故统计的高度探讨宏观的事故统计分析，最后通过安全系统分析法的介绍，从全局的角度全面分析事故的发生发展过程。

7. 确定事故责任

查找事故原因的目的是确定事故责任。事故调查分析不仅要明确事故的原因，更重要的是要确定事故责任，落实防范措施，确保不再出现同类事故。事故性质可以分为责任事故、非责任事故和人为破坏事故。

（1）责任事故是指由于工作不到位导致的事故，是一种可以预防的事故，责任事故需要处理相应的责任人。

（2）非责任事故是指由于一些不可抗拒的力量而导致的事

故。这些事故的原因主要是由于人类对自然的认知水平有限或者由于不可预知的突发事件,需要在今后的工作中更加注意预防工作,防止同类事故的再次发生。

（3）人为破坏事故是指有人预先恶意地对机器设备以及其他因素进行破坏,导致其他人在不知情的状况下发生了事故。

事故责任人的责任主要包括直接责任人、领导责任人和间接责任人三种:

（1）直接责任人是指由于当事人与重大事故及其损失有直接因果关系,是对事故发生以及导致一系列后果起决定性作用的人员。

（2）领导责任人是指当事人的行为虽然没有直接导致事故发生,但由于其领导监管不力而导致事故所应承担的责任。

（3）间接责任人是指当事人与事故的发生具有间接的关系,需要承担的相应责任。

事故责任的确定其实就是定责,也是将事故原因分解给不同人员的过程。事故调查组要公正地对待所有涉及事故的人员,公平、公正、科学、合理地确定相应的责任。凡因下述原因造成事故,应首先追究领导者的责任。

（1）没有按规定对工人进行安全教育和技术培训,或未经相关考试合格就工人上岗操作的。

（2）缺乏安全技术操作规程或制度与规程不健全的。

（3）设备严重失修或超负载运转的。

（4）安全措施、安全信号、安全标志、安全用具、个人防护用品缺乏或有缺陷的。

（5）对发生的事故不认真采取措施,致使重复发生同类事故的。

（6）对现场工作缺乏检查或指导错误的。

特大安全事故的肇事单位和个人的刑事处罚、行政处罚和民事责任，依照有关法律、法规和规章的规定执行。

第三章　事故应急与救护

第一节　事故应急预案

应急预案又称应急计划,是针对可能发生的重大事故或灾害,也是为保证迅速、有序、有效地开展应急与救援行动、降低事故损失而预先制定的有关计划或方案。它是在辨识和评估潜在的重大危险、事故类型、发生的可能性及发生过程、事故后果及影响严重程度的基础上,对应急机构职责、人员、技术、装备、设施、物资、救援行动及其指挥与协调等方面预先做出的具体安排。应急预案明确在突发事故发生之前、发生过程中以及刚刚结束之后,每个人的工作安排、时间节点以及相应的措施和资源准备等,是及时、有序、有效地开展应急救援工作的重要保障。

一般企业的现场预案,是在专项预案的基础上,根据具体情况需要而编制的。它是以现场为目标,针对事故风险较大的场所或重要防护区域等而制定的预案。

第二节　现场急救

一、现场急救应遵循的基本原则

生产现场急救,是指在劳动生产过程中和工作场所发生的各种意外伤害事故、急性中毒、外伤和突发危重伤病员等情况下,当没有医务人员时,为了防止病情恶化,减少病人痛苦和预防休克等所采取的初步紧急救护措施,又称院前急救。

生产现场急救总的任务是采取及时有效的急救措施和技术,最大限度地减少伤病员的痛苦,降低致残率,减少死亡率,为医院抢救打好基础。现场急救应遵循以下原则:

1. 观察现场环境,注意个人防护

在实行救护行动前,救护员首先要观察现场环境,并采取必要的安全防护措施。只有在确保安全的情况下才可以施行救护行动。

2. 检查和评估伤病情况

一旦确认环境安全或采取了必要的安全措施后,要立刻对伤病员进行初步检查和评估伤病情。

初步检查和评估顺序如下:

(1) 检查反应。

(2) 打开气道。

(3) 检查呼吸。

(4) 检查循环。

(5) 检查神经系统功能(反应能力)。

(6) 充分暴露,进一步检查伤情。

在任何情况下,都应当首先处理在检查中发现的严重伤病,再继续下一步的检查,并根据对伤病状况的判断,确定伤病员留在现场是否安全,是否需要将他们转移,以提供更有效的救护。如果条件许可,应询问伤病员的病史和进行详细的全身检查,根据伤病员的情况采用相应的救护措施。

3. 救助优先原则

重大事故发生时,现场常有大批伤病员等待救援,若救护人员不足,要按照国际救助优先原则(简明检伤分类法)救助伤病员。

4. 呼救和拨打急救电话

(1)救护员发现伤病员伤病情严重时,要立即向周围人呼救,寻求帮助。

(2)尽快拨打急救电话,请求救援。在救护培训中要让受训者明确当地的急救电话号码、拨打方法和应简明告知接听者的内容。

5. 药物使用原则

没有处方权的救护员一般不可以向伤病员提供处方药物。现场救护员如果接受过协助服用药物的培训,或符合以下条件,可以协助伤病员服用药物。

(1)明确伤病员的疾病和发病时的病情(如心绞痛、哮喘等)。

(2)了解伤病员应服用药物的禁忌证和不良反应。

(3)明确伤病员服用该药物是必要的。

(4)严格按照药品说明书或医嘱服用药物。

(5)药物(没有过期)就在伤病员旁边,伤病员同意救护员帮助服用。

服用后,救护员应及时记录伤病员的姓名,药物名称及其服用剂量、时间和方法。

二、现场救护员的自我保护

应急救护是指在突发疾病或意外伤害的现场,在专业医护人员抵达之前,现场救护员为伤病员提供初步、及时、有效的救护措施。同时,现场救护员也要注意自身保护,以免产生次生伤害。

保障现场救护员安全的措施包括以下两项重要内容:第一是避免陷入危险的环境,保障救护员的人身安全;第二是避免在救护时受感染。

(1)避免陷入危险的环境。在没有安全防护的条件下,没有受过专门培训的救护员不可以进入危险的区域(如有限空间、有毒有害场所,受水灾、火灾影响的地方等)。此外,若事发地点在救护员刚进入时尚且安全,但情况可能随时恶化,只能维持短时间的安全,救护员要及时把伤病员转移到安全地点,再施行进一步的救护。

(2)避免感染疾病。现场救护员要按照防感染标准程序操作。保持手的卫生是预防感染的重要措施,在救护实施前和结束后要洗手。可用肥皂和清水清洗双手,若没有肥皂和清水,也可用含酒精的洗手液清洗。

三、几种现场救护方法

(一)外出血止血方法

1. 止血材料

常用的材料有无菌敷料、绷带、三角巾、创可贴、止血带,也可用毛巾、手绢、布料、衣物等代替。

2. 少量出血的处理

伤员出血不多时,可做如下处理:

（1）救护员先洗净双手（最好戴上防护手套），然后用清水、肥皂把伤员的伤口周围洗干净，用干净柔软的纱布或毛巾将伤口周围擦干。

（2）表面伤口和擦伤应该用干净的水冲洗，最好使用自来水，因为水压有利于冲洗。

（3）用创可贴或干净的纱布、手绢包扎伤口。注意：不要用药棉或有绒毛的布直接覆盖在伤口上。

3. 严重出血的止血方法

控制严重的出血，要分秒必争，应该立即采取止血措施，同时呼叫救护车。

（1）直接压迫止血法

该止血法是最直接、快速、有效、安全的止血方法，可用于大部分外出血的止血。

① 救护员快速检查伤员伤口内有无异物，如有表浅小异物可将其取出。

② 将干净的纱布块或手帕（或其他干净布料）作为敷料覆盖在伤口上，用手直接压迫止血。如果处理较急剧的动脉出血，将手指压在出血动脉的近心端的邻近骨头上，阻断血液来源。注意：必须是持续用力压迫。

③ 如果敷料被血液湿透，不要更换，再取敷料在原有敷料上覆盖，继续压迫止血，等待救护车到来。

（2）加压包扎止血法

在直接压迫止血的同时，可再用绷带（或三角巾）加压包扎。

① 救护员首先直接压迫止血，压迫伤口的敷料应超过伤口周边 3 cm。

② 用绷带（或三角巾）环绕敷料加压包扎。

③ 包扎后检查肢体末端血液循环。如果因包扎过紧而影响血液循环,应重新包扎。

(3)止血带止血法

当四肢有大血管损伤,直接压迫无法控制出血,或不能使用其他方法止血(如有多处损伤,伤口不易处理,或伤病情况复杂)以致危及生命时,尤其在特殊情况下(如灾难、战争环境、边远地区),可使用止血带止血。使用止血带的救护员应接受过专门的急救训练。

注意:用止血带止血有潜在的不良后果,如止血带部位神经和血管的暂时性或永久性损伤,以及由肢体局部缺血导致的系统并发症,包括乳酸血症、高钾血症、心律失常、休克、肢体损伤和死亡等,这些并发症与止血带的压力和阻断血液的时间有关。因此应慎用止血带止血。

(二)现场包扎技术

1. 包扎材料

常用的包扎材料有创可贴、尼龙网套、三角巾、绷带、弹力绷带、胶带以及就便器材,如手帕、领带、毛巾、头巾、衣物等。

2. 包扎要求

包扎伤口动作要快、准、轻、牢。包扎时部位要准确、严密、不遗漏伤口;包扎动作要轻,不要碰触伤口,以免增加伤员的疼痛和出血;包扎要牢靠,但不宜过紧,以免妨碍血液流通和压迫神经;包扎前伤口上一定要加盖敷料。

3. 操作要点

(1)尽可能戴医用手套并做好自我防护。

(2)脱去或剪开衣服,暴露伤口,检查伤情。

(3)加盖敷料,封闭伤口,防止污染。

（4）动作要轻巧而迅速，部位要准确。伤口包扎要牢固，松紧适宜。

（三）骨折固定技术

1. 固定原则

确保现场环境安全，同时，救护人员做好自我防护。

（1）首先检查意识、呼吸、脉搏并及处理严重出血。

（2）用绷带、三角巾、夹板固定受伤部位。

（3）夹板的长度应能将骨折处的上下关节一同加以固定。

（4）骨断端暴露，不要拉动，不要送回伤口内，开放性骨折现场不要冲洗，不要涂药，应该先止血、包扎后再固定。

（5）暴露肢体末端以便观察血运。

（6）固定伤肢后，如有可能，应将伤肢抬高。

（7）预防休克。

2. 固定方法

根据现场的条件和骨折的部位采取不同的固定方式。固定要牢固，不能过松或过紧。在骨折和关节突出处要加衬垫，以加强固定和防止皮肤损伤。根据伤情选择固定器材，如果受现场条件限制，也可根据现场条件就地取材。

3. 操作要点

（1）置伤员于适当位置，就地施救。

（2）夹板与皮肤、关节、骨突出部位之间加衬垫，固定方式操作要轻。

（3）先固定骨折的上端（近心端），再固定下端（远心端），绑带不要系在骨折处，骨折两端应该分别固定至少两条固定带。

（4）前臂、小腿部位的骨折，应当尽可能在损伤部位的两侧放置夹板固定，以防止肢体旋转及避免骨折断端相互接触。

（5）固定时，在可能条件下，上肢为屈肘位，下肢呈伸直位。

（6）应露出指（趾）端，便于检查末端血运。

（四）口对口人工呼吸法

口对口呼吸是一种快捷有效的通气方法，呼出气体中的氧足以满足患者需求。实施口对口呼吸时，要确保患者气道开放畅通。救护员手捏住患者鼻孔，防止漏气，用口把患者口完全罩住，呈密封状，缓慢吹气，每次吹气应储蓄约 1 s，确保通气时可见胸廓起伏。吹气时要注意观察其胸部膨胀情况，以略有起伏为止。起伏过大，表示吹气太多；起伏不明显，表示吹气太少。吹气后，应立即离开伤者的嘴并放开捏鼻的手，让其自动呼气 3 s，同时要注意伤者胸部复原情况，观察呼吸道是否梗阻。按以上步骤连续不断地进行操作，每 5 s 一次，直至伤者恢复自然呼吸为止。

（五）口对鼻人工呼吸法

口对鼻呼吸适用于那些不能进行口对口呼吸的患者，如牙关紧闭不能开口、口唇创伤等。救治淹溺者尤其适用口对鼻呼吸方法。

口对鼻呼吸时，将一只手置于患者前额后推，另一只手抬下颏，使口唇紧闭。用嘴封罩住患者鼻子，吹气后使口离开鼻子，让气体排出。

（六）胸外心脏按压法

有效的胸外按压必须快速、有力。

1. 胸外心脏按压要点

（1）确定按压部位：A. 在两乳头连线中点；B. 难以准确判断乳头位置时（如体形肥胖、乳头下垂），可采用滑行法，即一手中指沿患者肋弓下方向上方滑行至两肋弓交汇处，食指紧贴中指并拢，另一只手的掌根部紧贴于第一只手食指平放，使掌根横轴与胸骨长轴重合,即胸骨下半部。

（2）将双手十指相扣,一手掌紧贴在患者胸壁,另一只手掌重叠放在此手背上,手掌根部长轴与胸骨长轴确保一致,用力压在胸骨上。

（3）肘关节伸直,上肢呈一直线,双肩位于手上方,以保证每次按压的方向与胸骨垂直。如果按压时用力方向不垂直,那么会影响按压效果。

特别提示:按压位置不正确可能导致按压无效、骨折,按压时确保手掌根不离开胸壁。

（4）对正常体型的患者按压胸壁的下陷至少 5 cm,为达到有效的按压,可根据体型的大小增加或减少按压幅度,最理想的按压效果是可触及颈动脉或股动脉搏动。

（5）每次按压后,放松使胸廓恢复到按压前位置,血液在此期间可回流到心脏,放松时双手不离开胸壁。连续 30 次按压,按压应保持双手位置固定,同时减少直接胸骨本身的冲击力,以免发生骨折。

（6）按压频率为(100～120)次/min。

（7）按压与放松间隔比为 1∶1,这样可以产生有效的脑和冠状动脉灌注压。

2. 高质量心肺复苏的标准

（1）成人按压频率为(100～120)次/min。

（2）按压深度 5～6 cm。

（3）每次按压后胸廓完全回复,按压与放松比大致相等。

（4）尽量避免胸外按压的中断。

（5）同时,应避免过渡通气。

四、触电伤害应急处置与救护

1. 低压触电应急施救

发生低压触电时,应根据现场情况立即采取以下措施:

(1) 关断电源闸刀。

(2) 使用绝缘钳截断带电导线。

(3) 使带电导线与被害者分开(用干燥的木棍或绳索)。

(4) 把触电者脱离带电导线(抓住衣服干的部分或用干绳索把他拖开),使触电者和土地分离(用绝缘材料、干木材、衣服等垫在触电者下面)。

(5) 急救时,施救者必须做好自身的防护工作,特别是手(借助于橡皮手套,毛的、绒的、涂橡胶的织物)和脚(穿绝缘鞋或站在干的木板或衣服上等)的防护。

2. 高压触电应急施救

在电气化线路带电体或其他高压电源线发生触电时,首先应使触电者迅速脱离电源。

(1) 如隔离开关距触电者较近,应立即拉下开关,切断电源。

(2) 如隔离开关距触电者较远,来不及切断电源时,救护人员应穿着绝缘鞋,戴绝缘手套,使用绝缘棒使触电者脱离电源。

(3) 切断电源前,不要用手直接或间接使用非绝缘器件接触到触电者,以防救护者本人触电。

(4) 切断电源的同时,要做好触电者再次跌倒摔伤的防护措施。例如,触电者触电开始时由于肌肉收缩而紧握带电体,断电时,手会松开,可能会从高处跌落,加重伤势等。

3. 触电施救时应特别注意的事项

(1) 当发现接触网导线断落碰地时,任何人必须保持距离断落碰地的导线 10 m 以外,防止跨步电压伤人。

(2) 在未切断电源之前,救护者切不可用手拉触电者,也不能用金属或潮湿的物体挑电线。

(3) 无论用哪种方式进行人工呼吸,前提是保持触电者呼吸通道畅通无阻,而且必须有耐心,坚持到最后一分钟。有触电假死亡达数小时之久的。在实行人工呼吸过程中还应注意操作节奏要均匀。

(4) 在人工呼吸中,应特别注意触电者的面部表情变化,如嘴唇、眼皮是否活动,喉部是否发出声响。当触电者能自己呼吸时,施救者应停止人工呼吸。

(5) 在急救完毕后,仍应使触电者安静地平卧休息。

(6) 在急救过程中,严禁注射强心剂和其他刺激性药物。

(7) 对触电者的烧伤处,应特别注意保护伤口不被污染。不得用手触及伤口,应涂软膏凡士林或其他药剂油膏。对于伴随着摔伤、骨伤、出血等症状的,应用绷带止血,固定骨折部分,并立即送往医院救治。

五、道路交通事故现场应急处置

当发生道路交通事故致人伤害时,司乘人员应迅速采取以下应急措施:

1. 现场一般应急措施

(1) 发生交通事故后要立即停车,保护现场,开启危险报警闪光灯,在来车方向距事故地点 50～100 m 处设置警告标志。如果在高速公路上,需要在距离 150～200 m 处设置警告标志。如果随车没有携带警告标志,也可以就地取材,用醒目的物体代替。

(2) 如果发动机仍在运转,要立即关闭点火装置,防止车辆突然移动或因漏油而起火。

（3）稳固事故车辆，拉紧手闸或用石块固定车轮，防止车辆滑动。

（4）根据事故情况和是否发生人员伤亡，及时拨打交通事故报警电话（报警电话122）和急救电话（急救电话120）。

（5）如果事故没有造成人员伤亡，财产损失轻微，当事人应先撤离现场再协商处理。

2．现场评估和初步救护措施

（1）注意观察现场环境是否安全，如发现危险要立即报警呼救。有条件时，可设法排除和采取防护措施，防止发生二次伤害。

（2）尽快报警呼救，发生交通事故后，要及时拨打122（交通事故报警台）或110（综合报警服务台）报警。如有人受伤时，要拨打120向急救中心呼救。如果有伤员被困车里或有起火危险等，要拨打119火警电话。

（3）拨打报警电话首先要确认自己没有打错电话再报警，报警时语言应当简明扼要，要报告准确的出事地点，说明事故情况、自己姓名、联系电话。拨打急救电话还应说明受伤人数和伤员目前最危险的情况，是否需要特殊解救等。同时，还应将事故情况报告本单位。

六、对外伤病员的应急救护

（一）烧伤

烧烫伤是生活中常见的意外，可由火焰、沸水、热油、电流、热蒸汽、辐射、化学物质（强酸、强碱）等引起。

1．处置措施

（1）烧伤必须用冷水（15～25 ℃）尽快冷却，救护员要保持冷却烧伤处直到伤者的疼痛缓解。

（2）救护员要避免用冰水冷却烧伤处超过 10 min,尤其是烧伤面积较大时（超过 20%的体表面积）。冰块不可用于烧伤冷却。

（3）因为对水疱清创有争议,并需要具备一定的设备和技术,所以不属于现场急救培训范畴。救护员要保持创面完整,并轻柔覆盖。

（4）皮肤或眼睛接触了酸或碱时,必须立即用大量清水冲洗。

（5）所有电击伤者都应该做医学检查。

2. 注意事项

皮肤接触了干燥化学剂或粉末（如石灰,溶化时能产生大量热能）的处理方法如下:

（1）在清除化学物质前不要用水冲洗。

（2）清除后应立即用大量清水冲洗。

（二）头部和脊柱损伤

轻微头部外伤和脑震荡是常见伤害之一。意识丧失在大部分头部外伤中罕见,但如果持续超过 30 s,则可能造成严重的颅内损伤。此外,救护员还应高度警惕脊柱损伤的发生,如怀疑伤病员有脊柱损伤,应按脊柱损伤处理。

1. 处置措施

（1）脑震荡

① 脑震荡的伤病员应该得到充分的身心休息,直到休息和用力活动时症状消失。

② 脑震荡的伤病员都应该进行专业医学检查,最好由有脑震荡治疗经验的医生检查,并在恢复体育运动或其他身体活动前再接受检查。

③ 脑震荡的伤病员即使已无症状,在脑震荡当天,也不可再

进行运动。

(2) 头部外伤

① 对任何意识丧失超过 1 min 的头部外伤的伤病员都必须给予现场急救并尽早进行医疗评估。

② 发生轻微闭合性颅脑损伤和短暂意识丧失(1 min 内)的伤病员应进行医疗评估并观察。

③ 观察轻微闭合性颅脑损伤和短暂意识丧失的伤病员最好在医院内进行;也可在有资质的看护人员照料下在家进行。

④ 要注意观察头部损伤伤病员的呼吸道与呼吸状况。

(3) 脊柱损伤

① 如果伤病员有脊柱损伤的可能,现场救护员应限制伤病员的脊柱移动,保持脊柱稳定。

② 由于在现场急救时往往缺乏脊柱固定装置,并且有证据显示医务人员使用脊柱固定装置尚有潜在的风险,所以没有经过专门培训的救护员一般不宜给伤病员使用脊柱固定装置。

③ 脊柱固定装置必须由受过专门培训的救护员使用,而且是在特殊情况下(如偏远地区)有必要使用固定装置时才可使用。

④ 虽然现场救护员难以准确识别脊柱损伤,但是当外伤伤病员有以下任何危险因素时,应当怀疑脊柱损伤:年龄达到或大于 65 岁;汽车、摩托车或自行车事故中的司机、乘客或行人;从高处(高于身高)跌落;四肢麻木;颈部或背部疼痛,或有压痛;躯体或上肢感觉缺失或肌无力;行动不灵敏或有醉酒样表现;有头和颈部疼痛。小于 3 岁的儿童常伴有头部或颈部外伤。

⑤ 现场救护员可以假定所有头部外伤的伤病员都可能有脊柱损伤,然后给予排查。

3. 注意事项

(1) 要依据有关法律、法规和医务人员的指示,以及现场急救医疗服务的能力和转运伤病员的距离,对怀疑脊柱损伤的伤病员给予特殊处理。

（2）头部外伤的范围包括无意识丧失的轻微损伤至重大伤害。救护员一般应假定所有的头部外伤都是严重的并采取相应措施。

（3）所有头部外伤伤病员都应该接受专业医务人员的检查。

（三）胸部及腹部损伤

胸部和腹部外伤是常见的外伤。现场救护员认识这些潜在危及生命的损伤是很必要的。在处理胸部和腹部外伤时,应注意预防可能发生的休克。

1. 处置措施

（1）对胸部开放性伤口,现场救护员可给予简单包扎或采用三面封闭包扎的方法。

（2）对有胸部或腹部外伤并出现休克的伤病员,现场救护员要先处理休克并将伤病员安置在舒适的体位。

（3）对于开放性腹部刺伤,现场救护员应在伤病员的伤口上覆盖湿敷料,并保持其体温。

（4）现场救护员不可将伤病员脱出的内脏还纳。

（5）现场救护员要固定造成刺伤的较大物体。

2. 注意事项

进行应急处置后要拨打120急救电话确保伤者能够及时送医院救治。

（四）肢体损伤

虽然肢体损伤不一定危及生命,但有截肢的潜在危险。肢体损伤者往往非常痛苦,并常伴有出血,严重的出血可危及生命。伤病员肢体受伤的部位和性质,还会影响对其搬运。现场救护肢体骨折的目的是固定伤肢、减轻疼痛和防止出血。采取救护措施的同时要拨打急救电话。

1. 处置措施

（1）救护员应假定任何受损伤的肢体都有可能发生骨折，可用手将伤肢固定在发现时的位置。

（2）发生关节扭伤和软组织损伤时，早期最好使用冷疗法。

（3）冷疗一般不应超过 20 min。

（4）在偏远地区、荒野环境或特殊情况下，对出现四肢冰凉和皮肤苍白的伤病员，可由受过特殊培训的救护员为其矫正成角骨折。

2. 注意事项

（1）了解伤病员的伤情变化是非常重要的。为了防止冻伤皮肤和浅表神经，冰敷时间最好控制在 20 min 之内。可用湿布或塑料袋阻隔冰块。但给皮下脂肪薄的伤病员使用冰敷时应谨慎。

（2）现场矫正成角骨折必须由接受过特殊培训的救护员来进行，并且要考虑急救中心的距离和专业医务人员的到达时间，决定矫正的必要性。

（五）轻微外伤

在生产环境中发生的轻微外伤是最常见的损伤之一。

1. 处置措施

（1）对皮肤表面的伤口要用干净的水冲洗，最好是自来水，因为水压有利于冲洗。

（2）在皮肤表面的伤口上使用抗生素软膏，可促进伤口愈合，降低感染风险。

（3）使用或未使用抗生素软膏的伤口都应包扎。

（4）使用三联抗生素软膏可能比两联或单一的软膏或乳液更

有效。

(5) 有证据表明,有些传统方法(如使用蜂蜜)是有益的,现场处理伤口时也可以使用。

2. 注意事项

使用抗生素外用药膏应根据有关非处方药的规定或医生处方。

(六) 口腔损伤

口腔损伤,特别是在生产施工过程中牙齿被击打损伤是常见的现象。

1. 处置措施

(1) 不推荐再植入被撕脱的牙齿。

(2) 可将撕脱的牙齿保存在牛奶中,和伤病员一起尽快转送给口腔医生。

2. 注意事项

发生牙齿撕脱时,可以用以下方法处理:

(1) 可用生理盐水或自来水清洗出血的伤口。

(2) 可用纱布或棉球加压止血。

(3) 处理牙齿时可接触牙冠,但不要触及牙龈线以下部分。

(4) 将牙齿放置在牛奶中,如果没有牛奶,清水也可以。

(5) 尽快请口腔医生检查伤病员。

(七) 眼外伤

眼外伤虽不常见,但及时救治非常重要。

1. 处置措施

现场处理时,任何刺穿眼球的物体应留在原处,并减少眼球运动。

2. 注意事项

处理眼外伤时要尽量减少眼球运动(如覆盖眼睛),并立即拨打急救电话。

七、对淹溺伤害者的救护

（一）淹溺者的复苏

保持气道通畅，尽可能清除气道梗阻，使氧气抵达尚存功能的肺组织是保证复苏效果的关键。在发生淹溺时，当务之急是开放伤病员的气道并及时通气。

1. 处置措施

（1）淹溺救援和复苏的现场急救培训中必须包括开放气道技术。

（2）在淹溺的复苏流程中必须优先进行开放气道和早期人工呼吸。

（3）水中复苏时，如具备以下条件则推荐使用开放气道和通气技术：在浅水或在平静的水面上，必须有漂浮工具、有受过培训的 2 名或以上救护员。

（4）没有漂浮工具的单独救护员不要尝试在深水中复苏伤员（包括开放气道和通气）。在这种情况下，要将淹溺者先送至岸上。

（5）水中通气可使用水中呼吸器或改良的水中按需供气阀装置。

（6）胸外心脏按压不可以在水中进行。

（7）如果能将淹溺者放置在牢固的物体（如救援板）上，心脏按压可以在返回岸上的途中进行。

（8）对意识丧失、意识正在恢复或在转运途中的淹溺者，要尽可能地将其置于恢复体位，头部放低，以便于水从口鼻中排出。

（9）不可在淹溺者复苏的过程中进行气道抽吸（如吸痰）。

（10）淹溺复苏时可以使用辅助供氧，但不应因此而延迟复苏，包括开放气道、通气和必要的胸外心脏按压。

2. 注意事项

岸上抢救时，如果发现淹溺者心搏骤停，现场救护员应实施以下措施：

（1）首先给予淹溺者 2～5 次人工呼吸，再开始胸外心脏按压。

（2）如果现场只有一位救护员，应先给予淹溺者 1～2 min 的心肺复苏再请求救援。

（3）实施口对口吹气时，救护员要将自己的口唇密封淹溺者口唇，平静呼吸，平稳对其口内吹气（或使用简易呼吸器时，挤压球囊）。吹气时如果见到胸廓有隆起，则为有效人工呼吸。

（4）保持淹溺者头部后仰和下颏上抬的姿势，吹气后离开其口唇（使用简易呼吸器时，让气体从口内释出），观察气体呼出时胸廓回落情况。

（5）持续 30 次胸外心脏按压后给予 2 次人工呼吸。

（6）两名救护员进行心肺复苏时，应每隔 2 min 互相替换，以防止疲劳。互相替换时要动作迅速。

（7）尽量减少因检查呼吸、脉搏或采取其他救治措施而中断按压的时间。

说明：在寻求帮助前，给予淹溺者 2～5 次初始人工呼吸和约 2 min 的心肺复苏，有利于改善淹溺者的神经系统预后。

（二）淹溺者脊柱损伤

如果怀疑淹溺者脊柱损伤，现场救护员应限制伤病员的躯干移动，并保持脊柱稳定。

1. 处置措施

（1）对从高处跌落和从事高危险性活动（如跳水、滑水、冲浪等)导致外伤的伤病员,以及有可疑脊柱损伤征象的伤病员,在转运时应限制脊柱活动并给予相应固定。

(2) 在实施固定脊柱的措施时,不能妨碍开放气道和有效通气。

(3) 如果救护员接受过有关培训,可以实施现场固定脊柱的措施。

(4) 如果救护员在水中不能为淹溺者提供有效的通气和换气,或淹溺者可能有颈椎损伤时,要尽快将其救上岸,并立即开始有效的复苏。

八、对突发疾病者的应急救护

(一) 胸痛

胸痛是由多种原因(心脏、肺、胸壁等疾病)引起的症状。应急救护时要注意伤病员的胸痛是否为心脏病发作造成的,如急性冠状动脉综合征,就有可能出现胸痛、呼吸急促、心搏骤停、休克等症状。

1. 处置措施

(1) 必须协助胸痛患者服用医生处方的阿司匹林。

(2) 如果认为患者是由心脏原因导致的胸痛且未服用阿司匹林的,救护员应给其服用成人剂量的阿司匹林(325 mg 或其他成人剂量药片),除非患者有使用禁忌证,如有过敏反应或出血倾向等。

(3) 受过训练的救护员应给胸痛患者服用硝酸酯类药物。

(4) 现场救护员可以将胸痛患者安置在舒适的体位(一般为半卧位),并嘱咐患者不要进行体力活动。

(5) 如果救护员接受过使用氧气的培训,且现场有可使用的氧气,可给胸痛患者使用氧气,但使用氧气不应延误其他救治。

2. 注意事项

(1) 救护员应注意以下心脏病发作时可能出现的症状。

① 胸部不适:大部分心脏病发作时会出现胸部不适,持续数分钟,可消失或再出现,患者感觉为不舒服的压迫、挤压、憋闷或疼痛。

② 上半身其他部位不适:可能有一侧或两侧胳膊、背部、颈部、下颌或胃部疼痛或不适症状。

③ 气短:在胸部不适时可能会同时出现。

④ 其他特征:面色苍白,突然出冷汗、恶心或轻度头痛。

⑤ 有些心脏病发作是突然和剧烈的,但是也有些患者发作开始时仅有轻度的疼痛或不适。

(2) 受过培训的救护员应对心搏骤停的患者进行现场心肺复苏。

(二) 脑卒中(中风)

脑卒中(stroke)又称为脑中风,是由于脑局部血液循环障碍所导致的神经功能缺损综合征,是引起中老年死亡的主要原因之一。脑卒中可分为出血性卒中和缺血性卒中两大类:前者包括脑出血、蛛网膜下腔出血;后者则包括脑梗死、脑栓塞及短暂性脑缺血发作等。大规模的临床试验证实,早期干预可明显降低脑卒中病死率并改善预后。

1. 处置措施

(1) 现场救护员应尽快识别脑卒中的症状,并及时呼叫紧急医疗服务。

(2) 救护员可将有脑卒中症状的患者安置在舒适的体位(一般为半卧位),要求患者不要活动,并定时检查其意识和呼吸。

2. 注意事项

（1）脑卒中的症状具有以下特点：

① 面部、手臂或腿部，尤其身体一侧突然麻木或无力。

② 突发意识错乱、说话或理解困难。

③ 突发单眼或双眼视物困难。

④ 突发行走困难、眩晕、失去平衡或协调能力。

⑤ 突发无原因严重头痛。

⑥ 如果出现意识不清和抽搐、癫痫发作，可能是脑卒中的并发症。

（2）短暂性脑缺血发作表现为轻微和暂时脑卒中症状。其特点是症状持续时间短和无永久性脑损伤。识别短暂性脑缺血发作非常重要，可以做到早期治疗，减少脑卒中风险。

（3）如果患者出现上述任何症状，则很有可能发生脑卒中，可按以下简易检查方法做进一步判断。

① 笑一下，面部是否对称。

② 说一句，言语是否清楚。

③ 抬双手，是否一侧先落下。

（4）现场救护应该注意以下要点：

① 识别脑卒中的症状。

② 了解患者开始发作的时间。

③ 尽快拨打急救电话。

（三）休克

休克是指机体受到各种致病因子的强烈侵袭而导致有效循环血量急剧减少，使全身组织器官、微循环灌注不良，从而引起组织代谢紊乱和器官功能障碍为特征的临床综合征。严重休克可导致死亡，因此必须给予及时抢救。

1. 处置措施

(1) 患者如有休克表现和症状,应将其放置在可接受的仰卧位。

(2) 对于休克患者,应采取保持体温和预防低温的措施。

(3) 对于无脊柱损伤证据的休克患者,救护员可将其双腿抬高 15～30 cm。

2. 注意事项

休克需要及时诊治。救护员的主要任务是及时拨打急救电话和采取以下救护措施:

(1) 将患者放置在一个适当的体位并保持体温。

(2) 消除引起休克的可能原因(如止血)。

(3) 根据现场环境防止患者体温降低(如街道上的患者)。

(四) 意识丧失/精神状态异常

患者对语言和物理刺激无反应即意味着意识丧失。

1. 处置措施

对于意识丧失的患者,救护员应检查是否存在呼吸。确保其呼吸道通畅后,妥善安置患者和拨打急救电话。

2. 注意事项

(1) 意识丧失可以突然发生(如心搏骤停、休克、头部损伤、电击伤等引起的)或逐渐出现(如中毒、高血糖症、脑卒中等引起的),后者可能在很长一段时间有意识,或表现为精神状态异常。

(2) 突然意识丧失可以导致患者跌倒受伤、长期昏迷和呼吸道阻塞。在这种情况下,需要将患者放置在恢复体位,开放气道并保持通畅。

(3) 当评估患者异常的精神状态时,不要盲目假定是精神疾病,而要考虑到更严重的疾病或损伤,如低血糖症、脑卒中、头部外伤、中毒等。

（4）除上述救治措施外，要及时拨打急救电话。

（五）抽搐和癫痫发作

当大脑的正常功能由于外伤、疾病、发热、中毒或感染而受到损害时，大脑皮质神经活动会变得不规则。这种不规则可能会引起身体抽搐。抽搐可以由癫痫症（一般情况下可用药物控制）引起，也可能因突发高热而引起抽搐。

1. 处置措施

（1）救护员可以将癫痫发作患者平放在地上，防止其受伤。

（2）一旦癫痫发作结束，救护员应检查患者的气道和呼吸，并采取相应的救护措施。

2. 注意事项

（1）检查患者时，应注意是否有以下症状：

① 异常感觉或感受，如幻视（为发作先兆）。

② 呼吸不规则或无呼吸。

③ 流口水。

④ 眼睛向上翻。

⑤ 肢体僵硬。

⑥ 突发、不可控制、节律性的肌肉收缩（即抽搐）。

⑦ 反应迟钝。

⑧ 大、小便失禁。

（2）救护员要从以下几个方面照顾患者：

① 表示愿意帮助患者，使其安心。

② 移除可能伤害患者的物体。

③ 将薄的折叠毛巾或是衣物垫在患者头下方以保护其头部，但不要限制呼吸。

④ 不要约束或控制患者。

⑤ 发作时,不要强制在患者牙齿之间或嘴里放置任何东西。

⑥ 如果因为体温突然升高引起癫痫发作,应松开患者衣服并通风。不要使用冷水浸泡或酒精擦拭降温。

⑦ 当抽搐结束后,要确保患者的气道开放,并检查呼吸是否畅通,身体是否有损伤。

⑧ 和患者在一起,并安慰患者,直到患者完全清醒。

(3) 如果发现以下情况,要立即拨打急救电话:

① 癫痫发作时间超过 5 min,或反复发作。

② 体温迅速升高导致癫痫发作。

③ 患者不能恢复意识。

④ 患者有糖尿病或受过伤。

⑤ 患者之前从未发作过癫痫。

⑥ 已知患者既往有癫痫发作,但本次发作情况较重或近期发作频繁。

⑦ 发现任何危及生命的情况。

九、对急性中毒者的应急救护

急性中毒是指某种有毒物质进入人体内,扰乱或破坏机体的正常生理功能,使机体发生功能性或器质性改变的过程。无论是家庭还是工作场所,都可能存在有毒物质。

有毒物质进入体内的主要途径有:呼吸道、消化道、皮肤、黏膜、静脉和肌肉。最常见的急性中毒是食入或吸入有毒物质造成的。

(一)毒物中毒

液态或固态的有毒物质污染手或食物后随食物进入消化道,

意外误食有毒物质、过量服用药物等，都可导致急性中毒。此外，经呼吸道吸入毒物或皮肤接触毒物也可导致中毒。

1. 急救指南

（1）现场急救中毒者时，首先要保证救护员的安全。现场可能接触到的气体、液体或任何其他物体都可能含有毒性，要尽量避免直接接触。

（2）对服入腐蚀性液体的伤病员，不推荐给予稀释剂。但是如果转运距离遥远，或根据急救中心或医疗机构的建议，可给予适量的稀释剂（如牛奶或水）。

（3）只有在急救中心或医疗机构的建议下才能使用活性炭作为现场急救措施。

2. 注意事项

（1）一般情况下，解救中毒的第一步是阻止有毒物质的扩散。

（2）如果误服毒物，首先要清除或控制胃和肠道内的有毒物质（通常由医护人员完成）。

（3）如果体外接触腐蚀性物质，首先应擦干液体或擦掉粉末，再用大量的水冲洗。

（4）在去除有毒物质时应注意穿戴个人防护用品（如手套、眼镜）。

（5）解救氰化物、硫化氢、腐蚀性物质或有机磷农药中毒的伤病员时，应避免口对口人工呼吸。

（二）一氧化碳中毒

一氧化碳中毒的典型症状有头痛、恶心、呕吐、肌肉无力（特别是下肢无力）、意识不清和抽搐等。

1. 急救指南

（1）救护员如果接受过培训并能保证自身安全，可进行现场救护。

（2）首先打开所有的门窗，关闭气源。

（3）救护员在保证自身安全的情况下，将伤病员带离危险环境。

（4）受过培训的救护员可以给一氧化碳中毒的伤病员使用氧气。

（5）如果伤病员意识丧失，应保持伤病员气道开放和在必要时进行人工呼吸。

3. 注意事项

发现一氧化碳中毒时，现场不能开关电源，要立即离开，并寻求帮助。

十、对寒冷伤害者的应急救护

（一）冻伤

冻伤是指冰点以下的低温作用于机体的局部或全身引起的损伤。如果外界温度过低，人体缺乏相应的防寒措施，加上潮湿、风袭、饥饿、疲劳等因素，容易发生冻伤。冻伤后处置措施如下：

（1）救护冻伤的伤病员时，要在无二次冰冻危险的环境下，对身体的冻伤部位进行复温。

（2）对严重冻伤者，要在 24 h 内进行复温。

（3）最好将冻伤部位浸入 37～40 ℃的水中 20～30 min，以达到复温的目的。

（4）化学加温器不能直接放于冻伤的组织上，以避免造成烫伤。

（5）复温后应保护冻伤组织，防止再冻伤，并快速转运伤病员，以争取进一步的治疗。

（6）冻伤的部位可覆盖无菌纱布。若手脚冻伤，指（趾）缝间也应该放置纱布，直至伤病员得到专业的医疗处理。

（二）低温（体温过低）

如果整个身体暴露于寒冷中，可能发生低温。当伤病员身体的中心温度下降并低于正常代谢和功能所必需的温度（35 ℃）时，即可确定为低温。

1. 处置措施

（1）若低温伤病员清醒，但寒战强烈，应使用厚毛毯为其做被动复温。

（2）如果低温伤病员无寒战，应积极复温，如使用加热毯。

（3）对需要被动复温的清醒和有寒战的伤病员，如果没有厚毛毯，可以使用一般干爽的毛毯或保暖的衣被等做被动复温。

（4）对需要积极复温的无寒战的伤病员，如果没有电热毯，可以使用暖水袋、加热贴或温暖的石头。注意：不要将其直接接触皮肤，以免造成烫伤。

（5）要小心地移动伤病员，将其带离寒冷环境，将湿衣服脱掉或剪除；如果伤病员是中度至重度低温，要尽量减少移动伤病员。

（6）使用金属箔保温毯或其他隔热物品包裹伤病员，以减少传导或对流导致的热能散失。

2. 注意事项

（1）在寒冷季节进行室外作业时要注意防护，防止低温和冻伤。

（2）低温伤病员的行为表现有：

① 寒战、心动过速和呼吸急促。

② 精神错乱。

③ 共济失调，动作缓慢、吃力，轻度意识错乱。

④ 面色苍白,嘴唇、耳朵、手指和脚趾青紫。

⑤ 出现遗忘,双手僵硬。

⑥ 局部皮肤青紫和水肿。

⑦ 语无伦次,行为错乱,甚至昏迷。

十一、对高温伤害者的应急救护

(一)中暑

中暑是指人体在高温环境下,水和电解质过多丢失、散热功能衰竭引起的以中枢神经系统和心血管系统功能障碍为主要表现的热损伤性疾病。

1. 处置措施

(1)中暑患者必须通过可行的方法立即降低体温。

(2)救护员应将患者下颌以下的身体浸在可承受的低温水中。

(3)使用流动的水比静止的水降温效果好。

(4)中暑患者如果没有条件或不能及时用水浸泡,可用喷洒冷水、吹风扇、覆盖冷毛巾或将冰袋放在身体上等方法降温。

2. 注意事项

脱水会使中暑恶化,因为脱水妨碍出汗和散热,而导致体温进一步升高。

(二)热痉挛

热痉挛是重度中暑的表现,伴有疼痛的突发肌痉挛,常常会影响人体的小腿、手臂、腹部和背部肌肉。

1. 处置措施

(1)应鼓励热痉挛患者喝含盐饮料。

(2)当热痉挛患者喝饮料时,可同时拉伸痉挛的肌肉。当拉伸肌肉时,冷敷和按摩肌肉有助于缓解肌肉痉挛。

2. 注意事项

(1)在高温环境中运动、工作或工作后都可能发生热痉挛。

(2)热痉挛是由于大量出汗导致大量盐和水丢失造成的,因此应及时给患者补充含盐饮料。

(三)热衰竭

热衰竭是较重的重度中暑,是由于运动产热、出汗,体液和电解质丢失引起的。

1. 处置措施

(1)给患者口服含盐饮料。

(2)帮助患者脱离炎热环境,如用风扇、冰袋或喷水降温。

2. 注意事项

(1)救护出汗造成的脱水和腹泻造成的脱水时,要注意口服补液的成分有所不同。

(2)热衰竭的病情如果得不到控制,可迅速发展为热射病,甚至危及生命。其症状、体征包括:① 大量出汗;② 面色苍白;③ 肌肉痉挛;④ 疲劳、虚弱;⑤ 头晕;⑥ 头痛;⑦ 恶心、呕吐;⑧ 皮肤湿冷;⑨ 脉搏快速、微弱。

(3)热射病是最严重的重度中暑,表现为热衰竭的所有症状体征,再加上中枢神经系统症状,如头晕、昏厥、精神错乱或四肢抽搐等。

(四)高温导致脱水的补液治疗

在高温环境下运动可引起脱水。纠正脱水需要及时补充液体。

1. 急救指南

(1)纠正运动出汗引起的脱水,首选口服补液方法。

（2）纠正脱水最好的补液是碳水化合物电解质饮料，如果没有，用水也可以。

（3）补液量应超过失液量。

2. 注意事项

在高温环境下预防脱水的方法有：

（1）戴帽子。

（2）穿凉爽透风的衣服。

（3）喝足够的水，至少比正常摄入量增加 1～2 L。

（4）尽量避免在中午时间施工和作业。

（5）涂抹防晒霜保护肌肤。

（6）对高温、潮湿环境要有一个逐渐适应的过程。

十二、被动物伤害者的应急救护

（一）动物咬伤概述

动物咬伤可能对人体造成多种伤害。动物咬伤的处理包括局部伤口处理及预防感染。

1. 处置措施

（1）用大量水冲洗被动物咬伤的伤口，可以减少细菌和狂犬病毒感染的危险。

（2）对伤病员要及时采取专业的医疗处理，包括外科治疗、免疫接种或药物治疗等。

2. 注意事项

要依据有关法律、法规采取预防狂犬病的措施。

（二）蛇咬伤

在野外施工或者巡道时可能被蛇咬伤，在做一些应急措施时，避免采取一些有害的现场急救措施。

1. 处置措施

（1）吸吮不可用于毒蛇咬伤，因为无效，并且可能有害。

（2）现场救护毒蛇咬伤时，要适当给予压力阻滞毒物扩散和固定受伤肢体。

（3）压迫受伤肢体时，施加的压力应在40～70 mmHg。加压包扎后能插入一根手指即为适宜。

2. 注意事项

（1）了解当地蛇的种类及其毒液的毒性，对救护蛇咬伤的伤病员非常有帮助。

（2）如果发现毒蛇，应询问当地的疾病预防控制中心或医院，可在哪里和怎样获得蛇毒血清，以及需要哪些具体的治疗措施。

（三）昆虫伤害

有些昆虫本身是无害的，但是能够传播病菌，如传播疟疾和脑炎等。

1. 处置措施

（1）如被蜱虫（壁虱）叮咬，首先要除去蜱虫。用小钳子或镊子尽可能靠近皮肤把蜱虫捏住，然后缓慢地把它从皮肤中取出。咬伤部位要用酒精或其他皮肤消毒液彻底消毒。在取出蜱虫的过程中要避免挤压它。挤压可能导致传染性物质注入皮肤。

（2）不可使用汽油和其他有机溶剂使蜱虫窒息或用火烧蜱虫。

（3）如果伤病员被咬伤后出现皮疹，要在医生的建议下使用抗生素或疫苗。

2. 注意事项

预防昆虫叮咬及相关疾病的措施有：

（1）使用驱蚊剂。

（2）使用蚊帐。

（3）在昆虫活跃的时段（尤其在凌晨）穿长袖衣服和裤子。

（4）与当地疾病预防部门和医院取得联系，了解预防昆虫叮咬及相关疾病的知识，在救护培训中加入有关内容。

第四章　工伤事故案例解析

【案例1】　违章指挥造成电击事件

1. 事故概况

2017年3月13日上午8时05分，××供电段××供电车间夹河供电工区在杨铜联络线进行接触网综合检修（更换避雷器），接触网工曹某在更换15号支柱型避雷器时被电击烧伤。

2. 事故原因

曹某在更换杨铜联络线15号支柱型避雷器时，于8：05被感应电烧伤。从多次听刘某、李某、轨道车司机在7点56分至8点03分的录音通话中，可以看出，因轨道车返回车站，刘某于7点57分34秒通知李某轨道车通过时撤地线。刘某与轨道车司机的两次对话中均提到撤地线。在轨道车通过杨铜联络线15号接地线时，感应电进来，导致事故发生的迹象非常明显。这是一起作业指挥人刘某违章指挥造成的责任轻伤事故。××供电段负全部责任。

3. 今后应采取的措施

（1）组织召开扩大分析会。××供电段要迅速召开扩大分析会，深层次查找原因，举一反三，深刻吸取教训，制定切实可行的安全措施，坚决杜绝类似问题的再次发生。同时，对××供电车间进行黄色预警，段组织各相关职能科室对车间进行帮促。

（2）加强职工安全教育。在全段范围内开展一次安全警示教育，对近年以来的触电伤害事故通报组织再学习、再反思，提高职工对触电伤害的安全防护意识，由段、车间、班组三级组织相关人员进行安全培训，重点从接地封线的设置、现场作业的监护和卡控等方面进行再教育，切实提高职工的安全防护意识。

（3）强化检查考核。结合安全管理新机制检查，详细制定检查计划和安全风险控制检查重点，加强对工区日常的检查及现场指导，克服好人主义思想，对存在工作不落实、完成任务质量不高等问题严格考核，确保问题得到整改、工作得到落实。

（4）修订完善作业指导书。一是由技术科负责对避雷器检修指导书进行再次验证；二是再次明确地线接挂的具体要求，严格地线监护的现场监护、卡控作业；三是明确作业时的标准用语。

（5）强化干部盯岗、包保。车间盯岗由车间负责落实，机关人员盯岗，由各科室负责人负责监督，严格按照段每月的计划执行。盯岗人员需要调整时，必须提前经分管领导同意，并填写施工把关委托单，确保干部盯岗到位。包保干部要严格履行段包保制度，定期到班组进行检查指导，参加班组安全例会，对班组日常维修要不定期进行抽查，确保包保制度落实到实处。

（6）改进工作作风。在日常安全管理中，各级管理人员不能流于形式，只将管理停留在表面，满足于新机制量化任务完成，必须严格执行各类规章制度，进一步夯实安全管理。车间管理人员必须深入现场，参加作业全过程，对工作票执行、工前会、停送电、现场作业、工后会等关键环节进行严格把控，强化对防触电、防高坠等安全措施的检查和落实，抓好现场作业控制和职工"两违"检查，定期分析检查中发现的关键性和倾向性问题，制订措施加以解决，及时纠正各类不安全作业行为。

（7）强化劳动安全隐患、陋习的排查整治。组织车间、工区重新排查在安全管理、现场作业、人员执标、制度落实等方面存在的问题，查找安全陋习。具体措施如下：一是严格作业时间的控制，严禁因为作业时间短，就赶时间、赶进度；二是检修作业人员应根据派工单内容，开始作业前认真核对检修设备，确认无误后方可开始检修；三是严格接地封线接挂卡控，使用执法仪全程录像，牢固树立接地线就是"生命线"的敬畏感，确保现场作业劳动安全。

【案例2】 单人巡道违章行走道心造成伤害

1. 事故概况

2014 年 4 月 15 日 7 时 30 分，××工务段屯溪线路车间休宁巡养工区巡道工余某某从休宁巡养工区出发，进行皖赣线 K254＋600 m 处至 K251＋000 m 处上行巡道作业。9 时 00 分，当余某某巡至皖赣线休宁—金村站间 K251＋263 m 处时在道心内行走，被背面开来的 K46 次客运列车（速度 80 km/h）碰撞，致其当场死亡。列车 9 时 00 分停于 K250＋922 m 处，9 时 19 分开车，停车 19 分，构成铁路交通一般 B1 事故。

2. 事故原因

（1）作业人员违章行走道心。巡道工余某某违反《铁路工务安全规则》第 3.2.1 条"线路作业和巡检人员，必须熟悉管内的线桥设备情况、列车运行速度、密度和各种信号显示方法，并注意瞭望，及时下道避车"和《上海铁路局工务安全管理办法》（上铁工〔2013〕267 号）4.3.2.3"单人巡道、巡守作业，必须在路肩上行走，禁止上道检查"的规定。余某某背向列车，违章在道心内行走巡道作业，是该起事故发生的直接和主要原因。

（2）工区管理不到位。休宁巡养工区对关键岗位、关键人员安全风险卡控不力，单岗巡道人员长期不参加点名会，作业前未进行针对性的安全预想和重点提醒；工区请假考勤制度执行随意，日常请假、调休采用口头方式，工长不掌握当班职工实际动态；日常安全检查流于形式，对巡道日常作业情况检查督促不到位，对巡道惯性违章问题没能及时发现并纠正，是导致事故发生的管理原因。

3. 事故暴露的问题及教训

(1) 安全风险研判控制不力。××工务段《干部安全风险控制表》未将单人巡道作业纳入车辆伤害风险进行重点控制，未将单人巡道作业禁止行走道心规定纳入《巡道工岗位安全风险提示卡》中人身伤害主要预防控制措施。屯溪线路车间安全关键排查不细，未按要求进行劳动安全专项分析，未将比较特殊的单线区段单人巡道作业列为控制重点；车间意识到对巡道人员检查次数不足、巡道工作存在放松的问题，但没有采取实质性控制措施。休宁巡养工区《安全关键点日常检查监控写实表》也没有单人巡道作业方面内容与要求。

(2) 单人作业岗位管理松散。屯溪线路车间没有明确对分管巡道责任人和其他车间干部检查巡道工作的量化要求。休宁巡养工区安排当班巡道工出巡时间早于工区上班点名时间。当班巡道工长期无法参加工区点名布置会，当日安全预想不能当面布置，巡道工基本不参加日常"两违"分析、工区学习。工长日常对巡道工的管理仅限于顺带检查，致使巡道工管理游离于工区日常管理之外。

(3) 规章、作业指导书不严谨。《上海铁路局工务安全管理办法》颁布后，该段未制订实施细则，也没有根据上海铁路局对巡道管理相关要求及时修订段相关办法。该段执行的《巡道工作业指导书》中规定:"线路允许速度 120 km/h 以下的单线走在左侧枕木头,混凝土枕走道心"与《上海铁路局工务安全管理办法》规定"单人巡道、巡守作业,必须在路肩上行走,禁止上道检查"不符。××工务段《关于转发近期几起事故通报的通知》中对"所有线路巡查作业人员必须设置好防护后方可上线,禁止行走道心"的规定也未纳入正式巡道工管理文件中。

(4) 安全隐患排查不彻底。××工务段、车间、工区层面虽然开展了路肩不良地段排查,但排查工作不到位,现场调查发现皖赣线休宁站至金村站区间 132 号、133 号两座步行板宽度较窄,桥梁、桥面步行板散落的道砟清理不及时,导致行走困难,在段公布的路肩不良地段中并没有包含该地段。

4. 事故性质

根据《铁路交通事故应急救援和调查处理条例》(国务院令第501 号)第十二条和《铁路交通事故调查处理规则》(铁道部令第30 号)第十三条规定,本起事故构成铁路交通一般 B1 事故。

5. 事故责任认定

(1) 根据《中华人民共和国铁路法》第五十八条和《铁路交通事故应急救援和调查处理条例》第三十二条等规定,上海铁路局××工务段屯溪线路车间××巡养工区巡道工余某某负本起事故主要责任。

(2) ××工务段安全教育不到位、现场作业管理不严,负本起事故管理责任。依据《铁路交通事故调查处理规则》第六十八条等规定,本起事故定××工务段责任事故。

【案例3】 安全意识淡薄造成伤害

1. 事故概况

2015 年 5 月 17 日 8 时 10 分,××局××工务段奎屯线路车间奎屯东巡养班组 1 名汽车司机,驾驶本班组依维柯汽车,到兰新线 K2166＋700 m 处防洪看守点搭设帐篷。8 时 40 分到达看守点后,该司机到车辆尾部查看车辆状态,此时汽车向前溜车,当其追上汽车手抓车门准备上车时,车门刚蹭到前方的一根电线杆,将其挤在车门和门框间后坠落到地面,经抢救无效死亡,构成道路交通一般死亡事故。

2. 事故原因

该汽车司机安全意识极为淡薄,对车辆停在有坡度的路段存在溜车的安全风险认识不深,停车后不使用手刹制动,盲目下车检查车辆状况,并且在车辆发生溜逸后盲目追车抢上,是事故发生的直接原因和主要原因。

3. 事故责任

××局××工务段负责任事故。

4. 事故教训

(1)乘车人监督岗制度未严格执行。作为当日组织生产作业的班长,对司机简化作业标准,违法、违规的现象未及时发现,对司机习惯性的作业行为、作业方式没有进行有效的监督与及时制止,致使乘车人监督岗作用形同虚设,岗位监督盯控失效。

(2)班组道路交通安全管理弱化。班组作业前的安全预想针对不强,当日作业前没有将车辆停靠、便道行驶、坡道停车等纳入安全预想内容当中。日常安全教育抓得不实。落实劳动安全阶段性重点工作不到位,班组有关交通安全方面文电不全。

(3)车间交通安全管理存在死角。道路交通安全管理制度不落实,驾驶员日常安全学习针对性欠缺。道路交通风险研判工作未进行,问题整改销号未形成闭环。交通安全工作没有做到同布置、同分析、同考核。月度学习制度没有严格落实,学习记录代签名造假现象突出。

【案例4】 违规作业,防护失效造成伤害

1. 事故概况

2015 年 5 月 18 日 7 时 14 分,××集团公司××工务段综合维修车间 1 名远端防护员在顺京广上行线前往防护地点途中,行至坳上站至太平里站上行区间 K1915+720 m 处时,被通过的 X278 次列车刮碰,经抢救无效死亡,构成铁路交通一般 B 类事故。

2. 事故原因

(1) 防护员违反《普速铁路工务安全规则》第 3.2.2 条"在双线区间,应面迎列车方向走行;必须行走道心时,应设置专人防护"的规定。该防护员背对来车方向在隧道内行走道心,发现来车匆忙下道,被列车刮碰,是造成事故的主要原因。

(2) 综合维修车间无计划组织点外上道作业,未安排楼内联络员负责对此项作业进行联络防护,盲目派出远端防护员,造成安全联络防护失效,是造成事故的重要原因。

3. 事故责任

××集团公司××工务段负责任事故。

4. 事故教训

(1) 现场作业随意组织,施工安全管理基本制度不落实。××工务段参加京广线集中修以来,综合维修车间未向段提报天窗点外作业计划,所进行的点外作业均是无计划上道,车间从作业组织的源头上放松了施工安全管理,不制订作业计划,随意安排人员作业。

(2) 现场包保车间干部包保不到位。现场施工负责人车间主任、副主任既未对联络员通信情况进行检查,也未对行走隧道的人身安全注意事项进行提示,对防护员的违章行为失管失控。

（3）安全风险研判制度不落实。综合维修车间未按照"变化就是风险的意识",对新到达的施工作业环境进行前期调查。对作业人员必须行走地段的隧道、桥梁、避车处所、走行条件等情况没有掌握,对可能发生事故的潜在风险分析研判不到位。

【案例5】　调车作业未停上停下造成伤害

1. 事故概况

2015年7月22日,××大型养路机械运用检修段（以下简称××大机段）机械化清筛施工一队在皖赣线绩溪县站进行调车作业。8时05分,当12道带9辆车牵出时,担当调车长工作的货车检车员陈某某在登乘机后第5位稳定车（WD320K-10666号）过程中跌落车下,左小腿被轧断,构成作业人员车辆伤害铁路交通一般B2事故。

2. 事故原因

（1）担当调车指挥人的货车检车员陈某某违反国家《铁路调车作业标准》（GB/T 7178.1—2006)关于"参加调车作业的人员应保证调车有关人员的人身安全及行车安全"的要求和《上海大机运用检修段劳动安全"八防"措施》（上大机运安〔2014〕98号）"调车作业,必须严格执行停车上下制度,车未停稳严禁上下车"的规定,在绩溪县站11-12道间地面用灯显信号指挥机车起动后,在牵出车列移动中登乘机后第5辆（WD320K-10666号后端车梯）过程中没有站稳抓牢,跌落车下导致受伤,是本起事故发生的直接和主要原因。

（2）担当调车指挥人的陈某某岗位资格为货车检车员,不具备调车作业资格,××大机段使用不符合职业资格的人员进行调车作业,是导致事故发生的管理原因。

3. 事故暴露的问题及教训

(1) 调车基本制度不执行。××大机段虽然制定了调车作业"停车上下"制度,但现场并未得到有效落实。经查,在当日一批调车作业过程中,所有进档作业均存在没有利用调车灯显设备"紧急停车"信号进行防护;所有推进连挂作业,均没有进行入线前停留车位置检查;所有连结员上下车,均没有执行汇报制度;整列转线顶送过程中,负责前端瞭望连结员违规站在推进车列第5辆领车;调车指挥人违反《铁路行车组织规则》第41条规定,站立在机车乘务员无法看到的机后5辆的稳定车平台进行调车指挥等一系列严重危及安全的违章行为。暴露出作业人员严重缺乏对规章制度、作业标准的敬畏感,违章蛮干问题突出。

(2) 作业安全互控缺失。当日作业中,《调车作业指导书》成为摆设。调车长(兼运转车长)作业指导书规定"调车长对当日调车作业计划进行传达并详细分工",但调车计划单却由连结员张某某(工长)进行分工,且无具体书面记录。调车作业组三人在作业过程中互控缺失,相互不掌握站位情况,人员上下车不执行汇报确认制度。同时,班前安全预想针对性不强,作业过程中安全互控严重缺失。

(3) 把关人员履职不到位。虽然施工一队每天安排人员对调车作业进行检查把关,但是调车作业人身安全卡控要求不明确。当日把关过程中,把关干部责任心不强,兼做其他工作内容,"站桩式"检查形同虚设,未尽到把关检查职责。

(4) 施工队安全控制不力。施工队对调车作业管理及劳动安全控制重视不够,存在重现场施工防护、轻调车安全控制的倾向,月度安全重点工作缺少劳动安全内容,调车作业人身安全风险控制措施缺乏针对性。日常检查劳动安全问题比例未达到路局规定要求,检查发现动态"两违"极少,整个第二季度没有自查发现车辆伤害及调车作业劳动安全方面的问题,干部调车录音抽听、现场把关记录均为"作业正常",但作业过程中严重危及劳动安全的"两违"问题比比皆是。

(5)岗位资格管理不严格。××大机段对长期存在的调车人员岗职不符问题认识不够。在本起事故中,由岗位职业资格为货车检车员的陈某某来担当调车指挥人,既不胜任调车作业要求,也不符合该段《调车作业规定》(上大机运检安发[2012]149号)有关"参与调车的职称都是运转车长"的规定。经查,该段目前实际参与调车作业的57人中,货车检车员13名、学习运转车长1名、运转车长中级职业资格29名、运转车长高级职业资格14名。根据《国家职业标准》和相关生产岗位标准,除运转车长高级职业资格符合从事调车工作基本条件,货车检车员、运转车长中级均不具备从事调车工作资格和技能。这暴露出上海大机段对调车作业岗位资格、职业技能管理意识淡薄。

(6)调车人员培训制度不落实。××大机段没有按照上海局《铁路行车组织规则》第37条的规定,将从事调车作业的人员在定职前,委托车务站段进行资格性专项培训,并经考试鉴定合格后任免,而是采用自培的方式。事实上,作为专司线路维修及大机养护维修管理的单位,上海大机段无论从专业能力还是师资力量,均不具备调车人员资格性培训的资质和能力。

(7)劳动安全风险管控不到位。××大机段对大机施工与调车作业叠加风险认识不足,施工预案缺少调车作业劳动安全管控内容,没有制定作业人员人身伤害预案,《把关人员专业检查内容指导书》中除安全科外,没有其他部门劳动安全的检查内容,且安全科检查内容中也无调车作业检查要求。段专业管理部门日常对主体施工作业盯得紧,对施工前后配合作业重视程度不足、盯控不到位,在调车作业安全管理上偏重防止调车冒进、挤岔、冲撞等行车安全控制,对调车作业人员上下车、进档作业等人身安全关键控制不力。

(8)调车专业管理基础薄弱。××大机段调车专业管理基础极其薄弱,管理能力亟待提高。段调车作业原由安全科管理,自2013年5月安全科熟悉车务作业的管理人员退休后,便调整由大机运用科负责管理。虽然从外段引进了行车管理人员,但是其调车专业知识相对欠缺,日常管理侧重行车、重施工、轻调车,对调车劳动安全检查不够。施工队及行车工班基本无专业调车管理人员,调车方面知识和相关规定掌握不全面,导致对调车作业的指导和管理缺乏针对性和专业性。

4. 事故性质

根据《铁路交通事故应急救援和调查处理条例》(国务院令第501号)第十二条和《铁路交通事故调查处理规则》(铁道部令第30号)第十三条规定,本起事故构成铁路交通一般B2事故。

5. 事故责任认定

当事人陈某某调车作业时未严格执行停车上下等规定,在登乘车辆过程中没有站稳抓牢,跌落车下导致受伤,应负本起事故主要责任。

××大型养路机械运用检修段使用不具备调车职业资质的人员进行调车作业,安全管理不到位,应负本起事故管理责任。

根据《铁路交通事故调查处理规则》第六十八条规定,本起事故定××大型养路机械运用检修段负工伤责任事故。

【案例 6】　现场防护员站位侵入限界造成伤害

1. 事故概况

2013 年 1 月 5 日，××电务段萧甬线柯桥信号工区徐某，带领 2 名信号工，利用临时点外上道命令，在钱清站进行道岔巡视检查作业。11 时 50 分，现场防护员徐某站立在 3 号道岔处侵限，被通过的 D3122 次动车碰撞致死，构成铁路交通一般 B1 事故。

2. 事故原因

（1）现场防护员站位侵入上行正线。现场防护员徐某站在上行线和下行线之间侵入上行线限界位置，接到来车信息后，也未及时撤离到安全地点，违反《上海铁路局电务作业指导书》规定，是造成本次事故的直接和主要原因。

（2）驻站联络员与室外防护员联系脱节。驻站联络员童某某在驻站联络过程中未严格执行防护标准，导致联系脱节、防护无效，是导致本起事故发生的重要原因。

（3）现场防护员违规兼职作业负责人。工长临时安排现场防护员徐某担任作业负责人，致使现场防护员身兼两职，精力旁顾，是造成事故发生的又一重要原因。

3. 事故教训

（1）作业安排不合理、违章指挥。柯桥信号工区工长安排 4 名职工进行站内道岔巡检作业，自己临时参加其他检查。接到道岔故障信息后，违规盲目安排巡检人员上道处置，也未按规定到现场把关，并且安排现场防护员担任上道作业负责人，导致现场作业严重失控。

（2）现场安全失管失控。柯桥信号工区利用原申请的调令盲目进行上道作业。柯桥信号工区将提前填好签发人的空白存放在钱清站材料间内,驻站联络员擅自代替工长填写《派遣单》作业内容和安全注意事项,段调度、车间、工长均未按规定审核。驻站联络员未按规定逐次填写《驻站防护控制表》,事故发生后补填。

此外,该事故还暴露出电务防护联系中断后的应急处置办法不细、操作性不强,车站扫雪组织观念淡薄,机车乘务员中断瞭望等问题。

【案例7】 调车作业人员违章进入车挡摘管造成伤害

1. 事故概况

2013年2月2日12时45分,××车务段洪塘乡站第四班一调推峰作业时,当班连结员陈某某在车列推进中违章进入车挡摘解制动软管时跌入股道被推峰车辆轧断双腿和左臂,构成铁路交通一般B2事故。

2. 事故原因

(1)违章进入车挡作业。连结员陈某某在推峰过程中,在未向调车长汇报、未显示停车防护信号的情况下,盲目进入车挡摘解制动软管,被T1线限界检查器绊倒跌入股道内,违反《铁路调车作业》(GB/T 7178.1—2006)规定,是造成此次事故的直接原因。

(2)调车长盲目指挥动车。调车长在计划变更后未重新明确分工,未布置重点注意事项,特别是明知作业人员不齐情况下盲目指挥动车,是造成此次事故的重要原因。

(3)作业组织安排不合理。助调在完全有条件提前安排在发场完成补充摘解软管作业的情况下,未能为后道工序有效创造安全作业条件,是导致本次事故发生的次要原因。

3. 事故教训

(1)车站调车作业安全盯控不到位。事发当日当班调车长和事故受伤人员均为替班人员且从未配合搭过班,洪塘乡站没有采取针对性安全预想;车站管理层对计划变更程序执行不规范、作业人员不到位、调车指挥不严格、进档防护不到位等惯性"两违"未采取有效盯控,现场作业管控不严。

(2)监控设备未发挥应有作用。视频监控随机抽查显示,该驼峰日常作业中违章行为触目惊心,××车务段及洪塘乡站没有充分运用视频设备的监控手段及时发现问题隐患。

【案例8】　学习连结员以车代步造成伤害

1.事故概况

2013年3月24日21时42分,镇江直属站××站学习连结员王某某在跟随师傅(2号连接员)执行14道牵出21辆作业后,没有沿固定路线返回调车组,而是穿越线路到4、6道间,盲目扒乘6道由西往东以18 km/h运行速度推进的车列不慎坠落,被移动车列轧伤左小腿致踝骨以下截肢,构成铁路交通一般B2事故。

2.事故原因

(1)作业人员违章蛮干。学习连结员王某某以车代步,盲目扒乘运行中的车列,脚下踏空,手未抓牢车辆扶手,不慎从移动车列上坠落,违反了《铁路车站行车作业人身安全标准》(TB 1699—85)规定,是事故发生的直接原因。

(2)作业分工不合理。调车长没有充分进行安全预想,未按规定安排1号连结员去关闭货场大门,而是安排跟随负责领车的2号连结员学习的连结员王某某独自担当此项工作,在计划分工源头上造成师徒分开作业,失去互控。

3.事故教训

(1)班组联控互控、失效。调车长和2号连接员在车列以

18 km/h运行速度的情况下发现王某某有准备上车的动向,未及时采取果断停车的应急处置措施。

(2) 调车作业安全控制措施针对性不强。××站虽明确了调车作业停上停下的车站及区域,但没有制定可行的杜绝移动中上下车的具体规定。对作业中需要安排人员关、开大门的特殊作业情况,丹阳没有制定安全作业控制措施。

(3) 安全大检查活动不够深入。镇江直属站××车站没有认真吸取"2.2"洪塘乡职工重伤事故教训,没有深入细致排查劳动安全隐患,对在定职考核不合格的学习连结员未采取有效盯控帮促。

【案例 9】 施工单位因作业环境不良造成伤害

1. 事故概况

2013 年 6 月 10 日 21 时 20 分,K384 次旅客列车(上海铁路局合肥机务段 DF4D-3256)到达××站 3 道停车办客时,值乘司机李某从机车车门(非站台侧)下车检查机车,因线路边排水沟一块盖板未盖,不慎踏空跌落到排水沟内,导致右侧第 7、9~12 肋骨骨折,构成铁路交通一般 B2 类事故。

2. 事故原因

(1) 施工作业不彻底。中铁十四局二工区架子五队当日作业中掀开了部分排水沟盖板,作业完毕后未认真清理并恢复已移动的水沟盖板,违反了《铁路工务安全规则》规定,是事故发生的直接和主要原因。

(2) 中铁十四局宁启复线电化工程项目部施工管理不到位。施工计划中作业项目过于宽泛,导致设备管理单位对作业地点的理解产生偏差,未能对当日该地点的作业进行有效监管,且工程项目部在工务段监管人员未到现场监管的情况下进行施工,是事故发生的重要原因。

(3) 合肥机务段合肥运用车间司机李某作业过程不规范。司机李某站内停车检查、上下机车时,没有在站台侧上下车,又未认真确认作业环境状态是否为良好情况,是事故发生的又一原因。

3. 事故教训

(1) 新长工务段现场监管工作失控。新长工务段六合线路车间在收到当日施工项目计划表后,未对当日需要防护把控的关键点认真分析,对不清楚的作业项目未主动进行联系询问,导致未派人员到场监管。

(2) 建设单位履职不到位。××站站改工程、宁启复线电化工程建设指挥部没有对施工计划和方案进行认真审核,对项目中的作业地点、股道以及隔离设施的设立没有提出明确要求。监理单位对动用站内既有设备设施的施工作业,巡查监督不到位,存在的隐患没有及时消除。

【案例 10】　列检作业人员背向行走侵限造成伤害

1. 事故概况

2013 年 6 月 16 日 23 时 24 分,陇海线 DH30502 次货运列车(徐州机务段 HXD2B-0156 号),在进入××站上行 4 道停车过程中,与在 3、4 道间背对列车行走、身体侵限的××车辆段××运用车间连西列检作业场一班车辆检车员孔某某相撞,致其当场死亡,构成铁路交通一般 B1 事故。

2. 事故原因

当事人孔某某违反《上海铁路局防止惯性伤亡事故的若干措施》中关于"顺线路走时,应走两线路中间,人体及所携带的工具

(料)不得侵入限界,并注意邻线的机车、车辆和货物装载状态"等规定,在作业中精力不集中,盲目背向列车沿线路行走并身体侵限,被列车碰撞致死,是造成本次事故的直接原因。

3.事故教训

(1)现场作业失管失控。××车辆段××车间现场作业组织不规范,因人设岗,将身体不好、年龄偏大的职工从正常的生产组织中分离出来,未按规定专门设立电控脱轨器的专职安全防护员的岗位,同时未制定相应的管理制度、岗位作业标准和流程。

(2)班组作业分工失管。班组对每班2名专职防护员无作业分工要求,当日2名专职防护员私自安排18～20时、20～次日2时和次日2～6时分别由1人担当2组防护,导致当事人在5道作业未结束后又赶往2道进行作业,违反了脱轨器由专人插撤的要求。班组长对私自调整劳力作业分工的错误行为未能予以纠正。

3.作业环境存在安全隐患。两线间采用水泥预制板铺设,距离钢轨外侧约670 mm,在边缘行走的人员侵入机车车辆限界约400 mm,但未设置安全警示线等相关保护措施,客观上容易导致作业人员侵限行走。

【案例11】 应急处置安全措施不落实造成伤害

1.事故概况

2013年9月7日21时36分,由贵阳开往烟台的K1202/3(贵阳客运段值乘)列车进××站7道停车后,21时51分一名情绪失控旅客从列车反面5号、6号车厢连接处爬上列车车顶。在劝说无效的情况下,车站向调度所申请接触网停电。22时34分,列车调度员下达74011号调度命令"准许徐州枢纽01单元停电",车站值班员通过车站广播员通知了现场人员。22 时 44 分，××车站派出所接警民警接到车站"已经停电了，只有五分钟的处置时间"的通知后，登上车顶处置旅客事件中，4 名民警被接触网感应电击伤，其中 1 人经抢救无效死亡，3 人不同程度受伤。

2. 事故原因

（1）电气化区段登车顶应急处置安全措施没有落实。××站在组织处置劝说无效的车顶旅客时，只采取向调度员申请接触网停电措施。同时，在没有采取接触网接地措施的情况下，现场人员通知公安民警进行处置，违反了《铁路技术管理规程》第 158 条规定，是造成本起事故的主要原因。

（2）应急预案及培训演练工作不实。××站制定的相关应急预案可操作性不强，应急演练项目不全，电气化安全培训考试工作不到位。当班车站值班员和处置现场的车站干部职工没有掌握登顶处置时接触网停电后还必须接地的规定，是造成本起事故的重要原因。

（3）车站应急指挥不力。车站应急管理领导小组及其办公室没有认真、正确履行组织、指挥职责，是造成本起事故的又一重要原因。

3. 事故教训

（1）应急专业管理不到位。专业系统部分的应急办法、预案有缺陷，对站段制定的管理制度、应急预案审核不严，对部分站段应急管理办法、处置方案中有悖《铁路技术管理规程》等基本规章制度的要求未及时发现并予以纠正。

（2）部分调度人员安全责任意识不强。当班列车调度员未能与车站值班员确认现场实际准备采取的应急处置措施，也没有追问是否需要登顶作业。供电调度员接到申请停电的通知后，没有询问是否需要供电人员赶赴现场或通知供电人员,接触网停电前也没有对现场是否采取安全防护措施进行审核。

(3)车站安全管理主体责任意识淡薄。××站对电气化区段攀爬车顶耽误列车一般 C 类事故的处置主体认识不清。部分领导片面地认为旅客扒乘车顶耽误列车运行为治安事件,忽视对公安人员在电气化区段进行警务活动中人身安全风险防范,对接地措施盯控、统一组织指挥工作不力。

【案例 12】 提前上道且防护体系失控造成伤害

1. 事故概况

2013 年 12 月 24 日,××工务段××线路车间余姚西线路工区,计划利用 14 时 25 分至 16 时 25 分的时间段维修天窗,对萧甬下行线 K80+720 m 处 30 号钢轨伤损焊缝进行切割插入短轨焊接作永久处理,12 时 59 分,工区余姚西工班班长(作业负责人)、驿亭工班班长共带领 12 名作业人员从作业通道门进入栅栏内侧沿路肩行走中,在绕行 481 号横腹式接触网支柱时,被通过的 31077 次货物列车(速度 67km/h)撞上,造成 3 名作业人员被撞死亡,构成铁路交通较大事故。

2. 事故原因

(1)作业人员违章上道。余姚西线路工区施工作业人员进入护栅栏后,因电化立柱影响在无现场防护的情况下违章上道绕行,是造成此次事故的直接原因。

(2)现场防护员严重失职。现场防护员在接受防护任务后,没有认真履行防护员职责;在与驻站联络员、作业负责人联系中又丢失列车 31077 次来车信息是导致事故发生的主要原因。

(3)作业班组长违章指挥。驿亭作业点班长随意变更现场防护员,违章带领作业人员在天窗点前进入栅栏内,并临时让正在担任萧甬上行线 K79+600 m 防洪复旧施工防护的中间联络员兼任现场防护员,造成现场防护员兼顾防护任务过多,且不在同一地点。这是导致事故发生的又一主要原因。

(4)作业负责人履责不到位。作业负责人余姚西工区班长到达现场后,没有制止驿亭作业点班长违章指挥。作业前未召开预备会议,安全预想不到位、分工不明确是导致事故发生的重要原因。

(5)维修作业组织混乱。××工务段对 23 日临时发现的伤损焊缝仅以二级维修项目纳入此日的"维修天窗"并随意下放车间组织;余姚西线路工区工长因 24 日需要参加车间会议,随意指派班长担当作业负责人;段各级管理人员都未对伤损焊缝临时作业计划进行有针对性的布置,导致维修作业组织没有按程序进行是事故发生的又一重要原因。

3. 事故教训

(1)安全第一的意识没有牢固树立。一些干部职工没能真正从兄弟局的事故中吸取教训,没有对本系统、本单位的现状进行深入排查分析,同类突出问题没有采取实质性的改正措施。一些干部职工思想上缺乏对规章制度的敬畏感,导致在安全与生产组织产生矛盾时摆不正位置,顾此失彼、违章盲干。本次事故中,为满足天窗作业时间随意提前进入封闭栅栏;工长需要到车间参加会议随意指派不具备履职条件的作业点班长担当维修作业负责人;现场防护人员不足却随意指派现场防护员离开防护岗位进行兼岗,最终导致现场组织和作业控制不到位。

(2)关键岗位现场作业失控。一些单位对安全管理、现场控制失之于宽、失之于松,导致规章制度不落实、安全管控措施形同虚设。在这起事故中,由中间联络员兼任的作业现场防护员,未执行防护员安全作业标准,导致作业中丢失接近列车信息造成作业人员伤害事故。防护员等关键岗位现场作业不达标、工作责任心缺失等问题没有得到有效解决。

【案例 13】 疏于健康防范,突发疾病班中猝死

1. 事故概况

2017 年 12 月 13 日 15 时 55 分,××工务段某工区线路工李某某在××北站机务折返段 9 号道岔附近线路巡检作业时,突感身体不适。15 时 59 分,随行的班长靖某某拨打 120 急救电话。16 时 20 分急救车到达,并将其送至徐州市第三人民医院,经医院抢救无效于 17 时 58 分死亡。医院诊断死亡原因为"猝死"。

2. 事故原因

徐州市第三人民医院出具的《居民死亡医学证明(推断)书》诊断死亡原因:猝死。

造成该起事故的主要原因:依据调查结果,根据《死亡医学证明(推断)书》诊断,李某某是在上班期间发病后抢救无效死亡的,属突发性疾病所致。

3. 事故防范措施

(1)加强保健安全知识宣传。××工务段需要加强卫生健康知识的宣传,倡导"平衡膳食、适量运动、戒烟限酒、心理平衡和劳逸足眠"的健康生活方式,控制"高血压、高血糖、高血脂和高体重"。要积极开展健康知识讲座,帮助职工掌握健康防病知识,提升对体检结果的解读技能,提高干部职工的保健意识。要充实职工教育培训内容,将职业保健、身体保健、疾病预防和岗位禁忌证等知识纳入安全教育培训中,增强职工防控疾病的能力。

（2）加强职工健康监督管理。××工务段要进一步完善职工体检档案，实行动态监督管理，掌握职工健康状况，对患病职工要及时督促治疗和提示自身保健。要加快推进健康保健点建设，在保健点配置简易健康检测设备，配齐不脱产红十字救护员和车间卫生管理员，开展生理指标检测，及时发现疾病风险，开展健康风险预警，关注慢性心脑血管病人的健康情况，降低职工在岗因病突发死亡率。

（3）落实健康行动计划。××工务段要认真贯彻《中国铁路总公司劳动和卫生部关于印发职工健康维护工作规范（试行）的通知》（劳卫防函〔2015〕37号）文件精神，积极推进健康行动计划，重视"三个健康"工作，将其纳入年度工作任务和考核，制定工作目标，明确职责分工，落实健康维护措施，切实提高职工健康水平。

（4）提高应急处置能力。××工务段要完善职业人员伤亡事故应急预案，将岗位职工突发疾病纳入应急处置关键项点，分类完善处置措施，按照现场实际需要在生产岗位配备常用急救药品，认真开展预案学习演练工作，学习和掌握现场急救知识，提高应急处置能力。

第五章 山东统筹地区工伤事务办理指南

第一节 工伤认定申请

一、工伤认定申请

1. 办理对象:山东统筹地区(特指在山东省参加省级养老保险统筹,而医疗保险、工伤保险、失业保险、生育保险属地参保的铁路企业)各参保单位。

2. 办理依据:

(1)《中华人民共和国社会保险法》;

(2)《工伤保险条例》(中华人民共和国国务院令第 586 号);

(3)《江苏省实施〈工伤保险条例〉办法》(江苏省人民政府令第 103 号);

(4)徐政规[2017] 2 号"市政府关于印发徐州市贯彻《工伤保险条例》实施意见的通知"

(5)徐州市关于印发《徐州市工伤康复管理试行办法》的通知(徐人社发[2012] 378 号)。

3. 办理部门:徐州铁路社保中心、参保地社保行政部门。

4. 办理材料:

(1)工伤认定申请基本情况表;

（2）工伤认定申请表（一式两份）；

（3）工伤康复申请表；

（4）劳动合同复印件；

（5）医疗诊断证明或职业病诊断证明书（原件和复印件，医疗诊断证明需要加盖医务处章）2份；

（6）医疗相关材料：初诊病历、辅助检查报告、出院小结（原件和复印件）2份；

（7）工作时间、事故地点相关证明（上下班交通事故需要提供线路图）；

（8）证人证言（2人）；

（9）近期一英寸免冠照片2张；

（10）申请工亡认定时，必须提交死亡医学诊断证明、户口注销证明（原件和复印件）；

（11）下列情形，由法院或公安等相关部门首先确认并出具证明（原件和复印件）：

① 因工外出，在发生事故后下落不明；

② 上下班途中，本人负非主要责任的交通事故；

③ 抢险救灾等公益活动中受到伤害；

5.办理时限：事故发生后或被诊断、鉴定为职业病之日起30日内。

6.流程图：工伤认定申请流程图如图5-1所示。

7.有关说明：

（1）本事项适用于在社保统筹地区内参加工伤保险管理的职工。

（2）用人单位遇有特殊情况，不能在30日内申报工伤的，可以向参保地社保行政部门提出逾期申报申请。

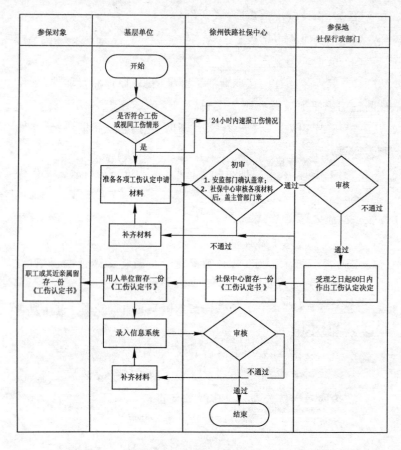

图 5-1　工伤认定申请流程图

（3）超过申报时限且用人单位未办理逾期申请的,则在此期间发生的符合规定的工伤待遇有关费用由该用人单位负担。

（4）用人单位未按规定时间提出工伤认定申请的,工伤职工或者其近亲属、工会组织在事故发生后或被诊断、鉴定为职业病之日起 1 年内,可直接向参保地社保行政部门提出工伤认定申请。用人单位承担举证责任。

（5）申请工伤认定的职工或者其近亲属、用人单位对工伤认定结论不服的，可依法申请行政复议，或依法向人民法院提起行政诉讼。

二、《工伤认定申请表》填表说明

1. 用钢笔或签字笔填写，字体工整清楚。

2. 申请人为用人单位的，需在首页申请人处加盖单位公章。

3. 受伤害部位一栏填写受伤害的具体部位。

4. 诊断时间一栏，如为职业病者，按职业病确诊时间填写；如为受伤或死亡的，按初诊时间填写。

5. 受伤害经过简述，应写明事故发生的时间、地点，当时所从事的工作，受伤害的原因以及伤害部位和程度。职业病患者应写明在何单位从事何种有害作业，起止时间，确诊结果等。

6. 申请人提出工伤认定申请时，应当提交受伤害职工的居民身份证；医疗机构出具的职工受伤害时初诊诊断证明书，或者依法承担职业病诊断的医疗机构出具的职业病诊断证明书（或者职业病诊断鉴定书）；职工受伤害或者诊断患职业病时与用人单位之间的劳动、（聘用）合同或者其他存在劳动、人事关系的证明。

有下列情形之一的，还应当分别提交相应证据：

（1）职工死亡的，需要提交死亡证明；

（2）在工作时间和工作场所内，因履行工作职责受到暴力等意外伤害的，需要提交公安部门的证明或者其他相关证明；

（3）因工外出期间，由于工作原因受到伤害或者发生事故下落不明的，需要提交公安部门的证明或者相关部门的证明；

（4）上下班途中，受到非本人主要责任的交通事故或者城市

轨道交通、客运轮渡、火车事故伤害的,需要提交公安机关交通管理部门或者其他相关部门的证明;

(5) 在工作时间和工作岗位,突发疾病死亡或者在48小时之内经抢救无效死亡的,必须提交医疗机构的抢救证明;

(6) 在抢险救灾等维护国家利益、公共利益活动中受到伤害的,提交民政部门或者其他相关部门的证明;

(7) 属于因战、因公负伤致残的转业、复员军人,旧伤复发的,提交《革命伤残军人证》及劳动能力鉴定机构对旧伤复发的确认。

7. 申请事项栏,应写明受伤害职工或者其近亲属、工会组织提出工伤认定申请并签字。

8. 用人单位意见栏,应签署用人单位是否同意申请工伤,所填情况是否属实,经办人签字并加盖单位公章。

9. 社会保险行政部门审查资料和受理意见栏,应填写补正材料或是否受理的意见。

10. 此表一式两份,社会保险行政部门、申请人各留存一份。

第二节　劳动能力鉴定

1. 办理对象:山东统筹地区各参保单位

2. 办理依据:

(1)《中华人民共和国社会保险法》;

(2)《工伤保险条例》(中华人民共和国国务院令第586号);

(3)《江苏省实施〈工伤保险条例〉办法》(江苏省人民政府令第103号);

(4) 徐政规[2017]2号"市政府关于印发徐州市贯彻《工伤保险条例》实施意见的通知"。

3. 办理部门:徐州铁路社保中心、参保地社保行政部门(劳动能力鉴定委员会)。

4. 办理材料:

(1) 劳动能力鉴定申请表;

(2) 工伤认定书;

(3) 医疗诊断证明或职业病诊断证明书;

(4) 医疗相关材料:初诊病历、辅助检查报告、出院小结;

(5) 老工伤人员需提供老工伤人员确认意见书;

(6) 复查鉴定、再次鉴定的,需提交上次鉴定结论。

5. 办理时限:

经治疗伤情相对稳定后存在残疾、影响劳动力的,或者停工留薪期满(12 个月最长 24 个月)

6. 流程图:劳动能力鉴定流程图,如图 5-2 所示。

7. 有关说明:

(1) 本事项适用于在社保统筹地区内参加工伤保险管理的职工。

(2) 用人单位或工伤职工个人对劳动能力鉴定结论不服的,可在收到该鉴定结论之日起 15 日内向江苏省劳动能力鉴定委员会提出再次鉴定申请。江苏省劳动能力鉴定委员会做出的劳动能力鉴定结论为最终结论。

(3) 自劳动能力鉴定结论做出之日起 1 年后,工伤职工或者其近亲属、用人单位认为伤残情况发生变化的,可以申请劳动能力复查鉴定。

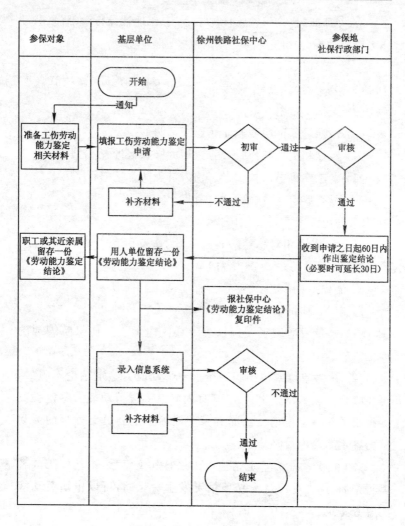

图 5-2 劳动能力鉴定流程图

第三节　工伤待遇办理

一、工伤待遇办理流程

1. 办理对象:山东统筹地区各参保单位。

2. 办理依据:

(1)《中华人民共和国社会保险法》;

(2)《工伤保险条例》(中华人民共和国国务院令第 586 号);

(3)《江苏省实施〈工伤保险条例〉办法》(江苏省人民政府令第 103 号);

(4)徐政规[2017]2 号"市政府关于印发徐州市贯彻《工伤保险条例》实施意见的通知"

3. 办理部门:徐州铁路社保中心、参保地社保经办机构。

4. 办理材料:

(1) 工伤保险业务申报表;

(2) 工伤认定书;

(3) 劳动能力鉴定结论;

(4) 医疗发票(含明细单)及其他费用发票;

(5) 办理供养待遇有关材料。

5. 办理时限:无。

6. 流程图:工伤待遇办理流程图,如图 5-3 所示。

7. 有关说明:

(1)本事项适用于在社保统筹地区内参加工伤保险管理的职工。

(2)在工伤待遇中,工伤保险基金支付项目如下:

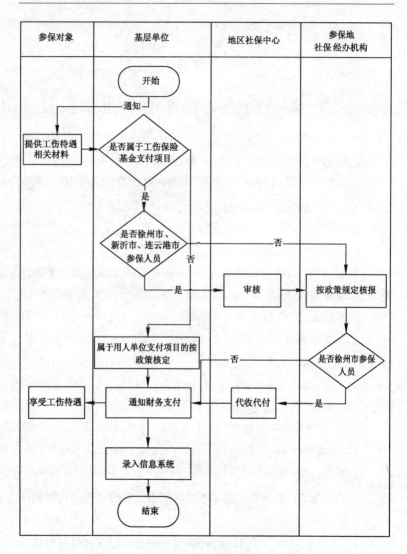

图 5-3 工伤待遇办理流程图

① 工伤医疗待遇:符合《工伤保险诊疗项目目录》《工伤保险药品目录》《工伤保险住院服务标准》的医疗费用;住院伙食补助费、外地就医的交通住宿费;康复治疗费;辅助器具费。

② 评定伤残等级后确认需要生活护理的,按月支付生活护理费。

③ 1－10 级工伤人员的一次性伤残补助金。

④ 1－4 级工伤人员按月支付伤残津贴,退休后的养老保险待遇补差。

⑤ 5－10 级工伤人员与用人单位解除或者终止劳动关系,支付一次性工伤医疗补助金。

⑥ 工亡人员丧葬补助金、一次性工亡补助金。

⑦ 1－4 级工伤人员死亡后,丧葬补助金补差。

⑧ 工亡及 1－4 级工伤人员,有供养亲属的,按月发放供养亲属抚恤金。

(3) 工伤待遇中,用人单位支付项目如下:

① 停工留薪期内(一般不超过 12 个月),原工资福利待遇不变。

② 停工留薪期内,生活不能自理、需要护理的,由所在单位负责。

③ 5－6 级工伤人员难以安排工作的,按月发给伤残津贴。

④ 5－10 级工伤人员与用人单位解除或者终止劳动关系的,支付一次性伤残就业补助金。

二、工伤待遇简明表

1. 工伤期间医疗待遇

工伤人员工伤期间医疗待遇发放如表 5-1 所示。

表 5-1　　　　　　工伤期间医疗待遇

项目	计发基数及标准	支付方式
医疗费	签订医疗服务协议的医疗机构内、符合规定范围内的医疗费	基金支付
康复费	签订医疗服务协议的医疗机构内、复核规定范围内的医疗费	
辅助器具费	经劳动能力鉴定委员会确认需要安装、发生支付标准的辅助器具配置费用	
住院伙食补助费	职工治疗工伤的伙食费用、按当地标准支付	
异地就医交通食宿费	经医疗机构出具证明，报经办机构同意，交通、食宿费用，按当地标准支付	
工资福利、护理费用		单位支付

2. 因工死亡补偿待遇

工亡人员因工死亡补偿待遇发放如表 5-2 所示。

表 5-2　　　　　　因工死亡补偿待遇

项目	计发基数	计发标准	支付方式
丧葬补助金	统筹地区上年度职工月平均工资	6 个月	基金支付
一次性工亡补助金	上年度全国城镇居民人均可支配收入	20 倍	

项目	计发基数	计发标准	支付方式
供养亲属抚恤金	本人工资 （因工作遭受事故伤害或者患职业病前12个月平均月缴费基数）	配偶：40%；其他亲属：30%。孤寡老人或者孤儿每人每月在上述标准的基础上增加10%，核定的抚恤金之和不应高于因工死亡职工生前的工资	基金按月支付，亲属领取。

3. 工伤终结后一次性发放待遇

工伤人员工伤终结后的一次性发放待遇（一级至十级伤残）如表 5-3 所示。

表 5-3　工伤终结后一次性发放待遇（一级至十级伤残）

项目	计发基数	计发标准		支付方式
一次性伤残补助金	本人工资 （因工作遭受事故伤害或者患职业病前12个月平均月缴费基数）	一级	27 个月	基金支付
		二级	25 个月	
		三级	23 个月	
		四级	21 个月	
		五级	18 个月	
		六级	16 个月	
		七级	13 个月	
		八级	11 个月	
		九级	9 个月	
		十级	7 个月	

项目	计发基数		计发标准	支付方式
一次性工伤医疗补助金	江苏省人民政府令 103 号《江苏省实施〈工伤保险条例〉办法》已于 2015 年 4 月 1 日经省人民政府第 54 次常务会议讨论通过,现予发布,自 2015 年 6 月 1 日起施行。 各市可以在基准标准基础上上下浮动不超过 20%确定一次性工伤医疗补助金和一次性伤残就业补助金标准。患职业病的工伤职工,一次性工伤医疗补助金在上述标准的基础上增发 40%。 工伤职工本人提出与用人单位解除劳动关系,且解除劳动关系时距法定退休年龄不足 5 年的,	五级	20 万元	终止劳动关系和工伤保险关系时由基金支付
		六级	16 万元	
		七级	12 万元	
		八级	8 万元	
		九级	5 万元	
		十级	3 万元	
一次性伤残就业补助金	一次性工伤医疗补助金和一次性伤残就业补助金按照下列标准执行:不足 5 年的,按照全额的 80%支付;不足 4 年的,按照全额的 60%支付;不足 3 年的,按照全额的 40%支付;不足 2 年的,按照全额的 20%支付;不足 1 年的,按照全额的 10%支付,但属于《中华人民共和国劳动合同法》第三十八条规定的情形除外。达到法定退休年龄或者按照规定办理退休手续的,不支付一次性工伤医疗补助金和一次性伤残就业补助金	五至十级	按各地标准	终止劳动关系和工伤保险关系时由单位支付

4. 工伤终结后定期发放待遇

工伤人员工伤终结后定期发放待遇(一级至六级伤残)如表 5-4 所示。

表 5-4 工伤终结后定期发放待遇(一级至六级伤残)

项目	计发基数	计发标准		支付方式
伤残津贴	本人工资(因工作遭受事故伤害或者患职业病前 12 个月平均月缴费基数)	一级	90%	基金按月支付
		二级	85%	
		三级	80%	
		四级	75%	
		五级	70%	保留劳动关系,难以安排工作的,由单位按月支付
		六级	60%	
生活护理费	统筹地区上年度职工月平均工资	完全不能自理	50%	基金按月支付
		大部分不能自理	40%	
		部分不能自理	30%	

附录一 工伤保险的相关法律法规

中华人民共和国安全生产法

（2014 年 12 月 1 日施行）

第一章 总则

第一条 为了加强安全生产工作,防止和减少生产安全事故,保障人民群众生命和财产安全,促进经济社会持续健康发展,制定本法。

第二条 在中华人民共和国领域内从事生产经营活动的单位(以下统称生产经营单位)的安全生产,适用本法;有关法律、行政法规对消防安全和道路交通安全、铁路交通安全、水上交通安全、民用航空安全以及核与辐射安全、特种设备安全另有规定的,适用其规定。

第三条 安全生产工作应当以人为本,坚持安全发展,坚持安全第一、预防为主、综合治理的方针,强化和落实生产经营单位的主体责任,建立生产经营单位负责、职工参与、政府监管、行业自律和社会监督的机制。

第四条 生产经营单位必须遵守本法和其他有关安全生产的法律、法规,加强安全生产管理,建立、健全安全生产责任制和安全生产规章制度,改善安全生产条件,推进安全生产标准化建设,提高安全生产水平,确保安全生产。

第五条 生产经营单位的主要负责人对本单位的安全生产工作全面负责。

第六条 生产经营单位的从业人员有依法获得安全生产保障的权利,并应当依法履行安全生产方面的义务。

第七条 工会依法对安全生产工作进行监督。

生产经营单位的工会依法组织职工参加本单位安全生产工作的民主管理和民主监督,维护职工在安全生产方面的合法权益。生产经营单位制定或者修改有关安全生产的规章制度,应当听取工会的意见。

第八条 国务院和县级以上地方各级人民政府应当根据国民经济和社会发展规划制定安全生产规划,并组织实施。安全生产规划应当与城乡规划相衔接。

国务院和县级以上地方各级人民政府应当加强对安全生产工作的领导,支持、督促各有关部门依法履行安全生产监督管理职责,建立健全安全生产工作协调机制,及时协调、解决安全生产监督管理中存在的重大问题。

乡、镇人民政府以及街道办事处、开发区管理机构等地方人民政府的派出机关应当按照职责,加强对本行政区域内生产经营单位安全生产状况的监督检查,协助上级人民政府有关部门依法履行安全生产监督管理职责。

第九条 国务院安全生产监督管理部门依照本法,对全国安全生产工作实施综合监督管理;县级以上地方各级人民政府安全生产监督管理部门依照本法,对本行政区域内安全生产工作实施综合监督管理。

国务院有关部门依照本法和其他有关法律、行政法规的规定,在各自的职责范围内对有关行业、领域的安全生产工作实施监督管理;县级以上地方各级人民政府有关部门依照本法和其他有关法律、法规的规定,在各自的职责范围内对有关行业、领域的安全生产工作实施监督管理。

安全生产监督管理部门和对有关行业、领域的安全生产工作实施监督管理的部门,统称负有安全生产监督管理职责的部门。

第十条 国务院有关部门应当按照保障安全生产的要求,依法及时制定有关的国家标准或者行业标准,并根据科技进步和经济发展适时修订。

生产经营单位必须执行依法制定的保障安全生产的国家标准或者行业标准。

第十一条 各级人民政府及其有关部门应当采取多种形式,加强对有关安全生产的法律、法规和安全生产知识的宣传,增强全社会的安全生产意识。

第十二条 有关协会组织依照法律、行政法规和章程,为生产经营单位提供安全生产方面的信息、培训等服务,发挥自律作用,促进生产经营单位加强安全生产管理。

第十三条 依法设立的为安全生产提供技术、管理服务的机构,依照法律、行政法规和执业准则,接受生产经营单位的委托为其安全生产工作提供技术、管理服务。

生产经营单位委托前款规定的机构提供安全生产技术、管理服务的,保证安全生产的责任仍由本单位负责。

第十四条 国家实行生产安全事故责任追究制度,依照本法和有关法律、法规的规定,追究生产安全事故责任人员的法律责任。

第十五条 国家鼓励和支持安全生产科学技术研究和安全生产先进技术的推广应用,提高安全生产水平。

第十六条 国家对在改善安全生产条件、防止生产安全事故、参加抢险救护等方面取得显著成绩的单位和个人,给予奖励。

第二章 生产经营单位的安全生产保障

第十七条 生产经营单位应当具备本法和有关法律、行政法规和国家标准或者行业标准规定的安全生产条件;不具备安全生产条件的,不得从事生产经营活动。

第十八条 生产经营单位的主要负责人对本单位安全生产工作负有下列职责:

(一)建立、健全本单位安全生产责任制;

(二)组织制定本单位安全生产规章制度和操作规程;

(三)组织制定并实施本单位安全生产教育和培训计划;

(四)保证本单位安全生产投入的有效实施;

(五)督促、检查本单位的安全生产工作,及时消除生产安全事故隐患;

(六)组织制定并实施本单位的生产安全事故应急救援预案;

(七)及时、如实报告生产安全事故。

第十九条 生产经营单位的安全生产责任制应当明确各岗位的责任人员、责任范围和考核标准等内容。

生产经营单位应当建立相应的机制,加强对安全生产责任制落实情况的监督考核,保证安全生产责任制的落实。

第二十条 生产经营单位应当具备的安全生产条件所必需的资金投入,由生产经营单位的决策机构、主要负责人或者个人经营的投资人予以保证,并对由于安全生产所必需的资金投入不足导致的后果承担责任。

有关生产经营单位应当按照规定提取和使用安全生产费用，专门用于改善安全生产条件。安全生产费用在成本中据实列支。安全生产费用提取、使用和监督管理的具体办法由国务院财政部门会同国务院安全生产监督管理部门征求国务院有关部门意见后制定。

第二十一条 矿山、金属冶炼、建筑施工、道路运输单位和危险物品的生产、经营、储存单位，应当设置安全生产管理机构或者配备专职安全生产管理人员。

前款规定以外的其他生产经营单位，从业人员超过一百人的，应当设置安全生产管理机构或者配备专职安全生产管理人员；从业人员在一百人以下的，应当配备专职或者兼职的安全生产管理人员。

第二十二条 生产经营单位的安全生产管理机构以及安全生产管理人员履行下列职责：

（一）组织或者参与拟订本单位安全生产规章制度、操作规程和生产安全事故应急救援预案；

（二）组织或者参与本单位安全生产教育和培训，如实记录安全生产教育和培训情况；

（三）督促落实本单位重大危险源的安全管理措施；

（四）组织或者参与本单位应急救援演练；

（五）检查本单位的安全生产状况，及时排查生产安全事故隐患，提出改进安全生产管理的建议；

（六）制止和纠正违章指挥、强令冒险作业、违反操作规程的行为；

（七）督促落实本单位安全生产整改措施。

第二十三条 生产经营单位的安全生产管理机构以及安全生产管理人员应当恪尽职守,依法履行职责。

生产经营单位作出涉及安全生产的经营决策,应当听取安全生产管理机构以及安全生产管理人员的意见。

生产经营单位不得因安全生产管理人员依法履行职责而降低其工资、福利等待遇或者解除与其订立的劳动合同。

危险物品的生产、储存单位以及矿山、金属冶炼单位的安全生产管理人员的任免,应当告知主管的负有安全生产监督管理职责的部门。

第二十四条 生产经营单位的主要负责人和安全生产管理人员必须具备与本单位所从事的生产经营活动相应的安全生产知识和管理能力。

危险物品的生产、经营、储存单位以及矿山、金属冶炼、建筑施工、道路运输单位的主要负责人和安全生产管理人员,应当由主管的负有安全生产监督管理职责的部门对其安全生产知识和管理能力考核合格。考核不得收费。

危险物品的生产、储存单位以及矿山、金属冶炼单位应当有注册安全工程师从事安全生产管理工作。鼓励其他生产经营单位聘用注册安全工程师从事安全生产管理工作。注册安全工程师按专业分类管理,具体办法由国务院人力资源和社会保障部门、国务院安全生产监督管理部门会同国务院有关部门制定。

第二十五条 生产经营单位应当对从业人员进行安全生产教育和培训,保证从业人员具备必要的安全生产知识,熟悉有关的安全生产规章制度和安全操作规程,掌握本岗位的安全操作技能,了解事故应急处理措施,知悉自身在安全生产方面的权利和义务。未经安全生产教育和培训合格的从业人员,不得上岗作业。

生产经营单位使用被派遣劳动者的,应当将被派遣劳动者纳入本单位从业人员统一管理,对被派遣劳动者进行岗位安全操作规程和安全操作技能的教育和培训。劳务派遣单位应当对被派遣劳动者进行必要的安全生产教育和培训。

生产经营单位接收中等职业学校、高等学校学生实习的,应当对实习学生进行相应的安全生产教育和培训,提供必要的劳动防护用品。学校应当协助生产经营单位对实习学生进行安全生产教育和培训。

生产经营单位应当建立安全生产教育和培训档案,如实记录安全生产教育和培训的时间、内容、参加人员以及考核结果等情况。

第二十六条 生产经营单位采用新工艺、新技术、新材料或者使用新设备,必须了解、掌握其安全技术特性,采取有效的安全防护措施,并对从业人员进行专门的安全生产教育和培训。

第二十七条 生产经营单位的特种作业人员必须按照国家有关规定经专门的安全作业培训,取得相应资格,方可上岗作业。

特种作业人员的范围由国务院安全生产监督管理部门会同国务院有关部门确定。

第二十八条 生产经营单位新建、改建、扩建工程项目(以下统称建设项目)的安全设施,必须与主体工程同时设计、同时施工、同时投入生产和使用。安全设施投资应当纳入建设项目概算。

第二十九条 矿山、金属冶炼建设项目和用于生产、储存、装卸危险物品的建设项目,应当按照国家有关规定进行安全评价。

第三十条 建设项目安全设施的设计人、设计单位应当对安全设施设计负责。

矿山、金属冶炼建设项目和用于生产、储存、装卸危险物品的建设项目的安全设施设计应当按照国家有关规定报经有关部门审查，审查部门及其负责审查的人员对审查结果负责。

第三十一条　矿山、金属冶炼建设项目和用于生产、储存、装卸危险物品的建设项目的施工单位必须按照批准的安全设施设计施工，并对安全设施的工程质量负责。

矿山、金属冶炼建设项目和用于生产、储存危险物品的建设项目竣工投入生产或者使用前，应当由建设单位负责组织对安全设施进行验收；验收合格后，方可投入生产和使用。安全生产监督管理部门应当加强对建设单位验收活动和验收结果的监督核查。

第三十二条　生产经营单位应当在有较大危险因素的生产经营场所和有关设施、设备上，设置明显的安全警示标志。

第三十三条　安全设备的设计、制造、安装、使用、检测、维修、改造和报废，应当符合国家标准或者行业标准。

生产经营单位必须对安全设备进行经常性维护、保养，并定期检测，保证正常运转。维护、保养、检测应当作好记录，并由有关人员签字。

第三十四条　生产经营单位使用的危险物品的容器、运输工具，以及涉及人身安全、危险性较大的海洋石油开采特种设备和矿山井下特种设备，必须按照国家有关规定，由专业生产单位生产，并经具有专业资质的检测、检验机构检测、检验合格，取得安全使用证或者安全标志，方可投入使用。检测、检验机构对检测、检验结果负责。

第三十五条　国家对严重危及生产安全的工艺、设备实行淘汰制度,具体目录由国务院安全生产监督管理部门会同国务院有关部门制定并公布。法律、行政法规对目录的制定另有规定的,适用其规定。

省、自治区、直辖市人民政府可以根据本地区实际情况制定并公布具体目录,对前款规定以外的危及生产安全的工艺、设备予以淘汰。

生产经营单位不得使用应当淘汰的危及生产安全的工艺、设备。

第三十六条 生产、经营、运输、储存、使用危险物品或者处置废弃危险物品的,由有关主管部门依照有关法律、法规的规定和国家标准或者行业标准审批并实施监督管理。

生产经营单位生产、经营、运输、储存、使用危险物品或者处置废弃危险物品,必须执行有关法律、法规和国家标准或者行业标准,建立专门的安全管理制度,采取可靠的安全措施,接受有关主管部门依法实施的监督管理。

第三十七条 生产经营单位对重大危险源应当登记建档,进行定期检测、评估、监控,并制定应急预案,告知从业人员和相关人员在紧急情况下应当采取的应急措施。

生产经营单位应当按照国家有关规定将本单位重大危险源及有关安全措施、应急措施报有关地方人民政府安全生产监督管理部门和有关部门备案。

第三十八条 生产经营单位应当建立健全生产安全事故隐患排查治理制度,采取技术、管理措施,及时发现并消除事故隐患。事故隐患排查治理情况应当如实记录,并向从业人员通报。

县级以上地方各级人民政府负有安全生产监督管理职责的部门应当建立健全重大事故隐患治理督办制度,督促生产经营单位消除重大事故隐患。

第三十九条 生产、经营、储存、使用危险物品的车间、商店、仓库不得与员工宿舍在同一座建筑物内,并应当与员工宿舍保持安全距离。

生产经营场所和员工宿舍应当设有符合紧急疏散要求、标志明显、保持畅通的出口。禁止锁闭、封堵生产经营场所或者员工宿舍的出口。

第四十条 生产经营单位进行爆破、吊装以及国务院安全生产监督管理部门会同国务院有关部门规定的其他危险作业,应当安排专门人员进行现场安全管理,确保操作规程的遵守和安全措施的落实。

第四十一条 生产经营单位应当教育和督促从业人员严格执行本单位的安全生产规章制度和安全操作规程;并向从业人员如实告知作业场所和工作岗位存在的危险因素、防范措施以及事故应急措施。

第四十二条 生产经营单位必须为从业人员提供符合国家标准或者行业标准的劳动防护用品,并监督、教育从业人员按照使用规则佩戴、使用。

第四十三条 生产经营单位的安全生产管理人员应当根据本单位的生产经营特点,对安全生产状况进行经常性检查;对检查中发现的安全问题,应当立即处理;不能处理的,应当及时报告本单位有关负责人,有关负责人应当及时处理。检查及处理情况应当如实记录在案。

生产经营单位的安全生产管理人员在检查中发现重大事故隐患,依照前款规定向本单位有关负责人报告,有关负责人不及时处理的,安全生产管理人员可以向主管的负有安全生产监督管理职责的部门报告,接到报告的部门应当依法及时处理。

第四十四条 生产经营单位应当安排用于配备劳动防护用品、进行安全生产培训的经费。

第四十五条 两个以上生产经营单位在同一作业区域内进行生产经营活动,可能危及对方生产安全的,应当签订安全生产管理协议,明确各自的安全生产管理职责和应当采取的安全措施,并指定专职安全生产管理人员进行安全检查与协调。

第四十六条 生产经营单位不得将生产经营项目、场所、设备发包或者出租给不具备安全生产条件或者相应资质的单位或者个人。

生产经营项目、场所发包或者出租给其他单位的,生产经营单位应当与承包单位、承租单位签订专门的安全生产管理协议,或者在承包合同、租赁合同中约定各自的安全生产管理职责;生产经营单位对承包单位、承租单位的安全生产工作统一协调、管理,定期进行安全检查,发现安全问题的,应当及时督促整改。

第四十七条 生产经营单位发生生产安全事故时,单位的主要负责人应当立即组织抢救,并不得在事故调查处理期间擅离职守。

第四十八条 生产经营单位必须依法参加工伤保险,为从业人员缴纳保险费。

国家鼓励生产经营单位投保安全生产责任保险。

第三章 从业人员的安全生产权利义务

第四十九条 生产经营单位与从业人员订立的劳动合同,应当载明有关保障从业人员劳动安全、防止职业危害的事项,以及依法为从业人员办理工伤保险的事项。

生产经营单位不得以任何形式与从业人员订立协议,免除或者减轻其对从业人员因生产安全事故伤亡依法应承担的责任。

第五十条 生产经营单位的从业人员有权了解其作业场所和工作岗位存在的危险因素、防范措施及事故应急措施,有权对本单位的安全生产工作提出建议。

第五十一条 从业人员有权对本单位安全生产工作中存在的问题提出批评、检举、控告;有权拒绝违章指挥和强令冒险作业。

生产经营单位不得因从业人员对本单位安全生产工作提出批评、检举、控告或者拒绝违章指挥、强令冒险作业而降低其工资、福利等待遇或者解除与其订立的劳动合同。

第五十二条 从业人员发现直接危及人身安全的紧急情况时,有权停止作业或者在采取可能的应急措施后撤离作业场所。

生产经营单位不得因从业人员在前款紧急情况下停止作业或者采取紧急撤离措施而降低其工资、福利等待遇或者解除与其订立的劳动合同。

第五十三条 因生产安全事故受到损害的从业人员,除依法享有工伤保险外,依照有关民事法律尚有获得赔偿的权利的,有权向本单位提出赔偿要求。

第五十四条 从业人员在作业过程中,应当严格遵守本单位的安全生产规章制度和操作规程,服从管理,正确佩戴和使用劳动防护用品。

第五十五条 从业人员应当接受安全生产教育和培训,掌握本职工作所需的安全生产知识,提高安全生产技能,增强事故预防和应急处理能力。

第五十六条 从业人员发现事故隐患或者其他不安全因素,

应当立即向现场安全生产管理人员或者本单位负责人报告;接到报告的人员应当及时予以处理。

第五十七条　工会有权对建设项目的安全设施与主体工程同时设计、同时施工、同时投入生产和使用进行监督,提出意见。

工会对生产经营单位违反安全生产法律、法规,侵犯从业人员合法权益的行为,有权要求纠正;发现生产经营单位违章指挥、强令冒险作业或者发现事故隐患时,有权提出解决的建议,生产经营单位应当及时研究答复;发现危及从业人员生命安全的情况时,有权向生产经营单位建议组织从业人员撤离危险场所,生产经营单位必须立即作出处理。

工会有权依法参加事故调查,向有关部门提出处理意见,并要求追究有关人员的责任。

第五十八条　生产经营单位使用被派遣劳动者的,被派遣劳动者享有本法规定的从业人员的权利,并应当履行本法规定的从业人员的义务。

第四章　安全生产的监督管理

第五十九条　县级以上地方各级人民政府应当根据本行政区域内的安全生产状况,组织有关部门按照职责分工,对本行政区域内容易发生重大生产安全事故的生产经营单位进行严格检查。

安全生产监督管理部门应当按照分类分级监督管理的要求,制定安全生产年度监督检查计划,并按照年度监督检查计划进行监督检查,发现事故隐患,应当及时处理。

第六十条　负有安全生产监督管理职责的部门依照有关法律、法规的规定,对涉及安全生产的事项需要审查批准(包括批

准、核准、许可、注册、认证、颁发证照等,下同)或者验收的,必须
严格依照有关法律、法规和国家标准或者行业标准规定的安全生
产条件和程序进行审查;不符合有关法律、法规和国家标准或者
行业标准规定的安全生产条件的,不得批准或者验收通过。对未
依法取得批准或者验收合格的单位擅自从事有关活动的,负责行
政审批的部门发现或者接到举报后应当立即予以取缔,并依法予
以处理。对已经依法取得批准的单位,负责行政审批的部门发现
其不再具备安全生产条件的,应当撤销原批准。

第六十一条　负有安全生产监督管理职责的部门对涉及安
全生产的事项进行审查、验收,不得收取费用;不得要求接受审
查、验收的单位购买其指定品牌或者指定生产、销售单位的安全
设备、器材或者其他产品。

第六十二条　安全生产监督管理部门和其他负有安全生产
监督管理职责的部门依法开展安全生产行政执法工作,对生产经
营单位执行有关安全生产的法律、法规和国家标准或者行业标准
的情况进行监督检查,行使以下职权:

(一)进入生产经营单位进行检查,调阅有关资料,向有关单
位和人员了解情况;

(二)对检查中发现的安全生产违法行为,当场予以纠正或者
要求限期改正;对依法应当给予行政处罚的行为,依照本法和其
他有关法律、行政法规的规定作出行政处罚决定;

(三)对检查中发现的事故隐患,应当责令立即排除;重大事
故隐患排除前或者排除过程中无法保证安全的,应当责令从危险
区域内撤出作业人员,责令暂时停产停业或者停止使用相关设
施、设备;重大事故隐患排除后,经审查同意,方可恢复生产经营
和使用;

（四）对有根据认为不符合保障安全生产的国家标准或者行业标准的设施、设备、器材以及违法生产、储存、使用、经营、运输的危险物品予以查封或者扣押，对违法生产、储存、使用、经营危险物品的作业场所予以查封，并依法作出处理决定。

监督检查不得影响被检查单位的正常生产经营活动。

第六十三条 生产经营单位对负有安全生产监督管理职责的部门的监督检查人员（以下统称安全生产监督检查人员）依法履行监督检查职责，应当予以配合，不得拒绝、阻挠。

第六十四条 安全生产监督检查人员应当忠于职守，坚持原则，秉公执法。

安全生产监督检查人员执行监督检查任务时，必须出示有效的监督执法证件；对涉及被检查单位的技术秘密和业务秘密，应当为其保密。

第六十五条 安全生产监督检查人员应当将检查的时间、地点、内容、发现的问题及其处理情况，作出书面记录，并由检查人员和被检查单位的负责人签字；被检查单位的负责人拒绝签字的，检查人员应当将情况记录在案，并向负有安全生产监督管理职责的部门报告。

第六十六条 负有安全生产监督管理职责的部门在监督检查中，应当互相配合，实行联合检查；确需分别进行检查的，应当互通情况，发现存在的安全问题应当由其他有关部门进行处理的，应当及时移送其他有关部门并形成记录备查，接受移送的部门应当及时进行处理。

第六十七条 负有安全生产监督管理职责的部门依法对存在重大事故隐患的生产经营单位作出停产停业、停止施工、停止使用相关设施或者设备的决定，生产经营单位应当依法执行，及时消除事故隐患。生产经营单位拒不执行,有发生生产安全事故的现实危险的,在保证安全的前提下,经本部门主要负责人批准,负有安全生产监督管理职责的部门可以采取通知有关单位停止供电、停止供应民用爆炸物品等措施,强制生产经营单位履行决定。通知应当采用书面形式,有关单位应当予以配合。

负有安全生产监督管理职责的部门依照前款规定采取停止供电措施,除有危及生产安全的紧急情形外,应当提前二十四小时通知生产经营单位。生产经营单位依法履行行政决定、采取相应措施消除事故隐患的,负有安全生产监督管理职责的部门应当及时解除前款规定的措施。

第六十八条 监察机关依照行政监察法的规定,对负有安全生产监督管理职责的部门及其工作人员履行安全生产监督管理职责实施监察。

第六十九条 承担安全评价、认证、检测、检验的机构应当具备国家规定的资质条件,并对其作出的安全评价、认证、检测、检验的结果负责。

第七十条 负有安全生产监督管理职责的部门应当建立举报制度,公开举报电话、信箱或者电子邮件地址,受理有关安全生产的举报;受理的举报事项经调查核实后,应当形成书面材料;需要落实整改措施的,报经有关负责人签字并督促落实。

第七十一条 任何单位或者个人对事故隐患或者安全生产违法行为,均有权向负有安全生产监督管理职责的部门报告或者举报。

第七十二条 居民委员会、村民委员会发现其所在区域内的生产经营单位存在事故隐患或者安全生产违法行为时,应当向当地人民政府或者有关部门报告。

第七十三条 县级以上各级人民政府及其有关部门对报告重大事故隐患或者举报安全生产违法行为的有功人员,给予奖励。具体奖励办法由国务院安全生产监督管理部门会同国务院财政部门制定。

第七十四条 新闻、出版、广播、电影、电视等单位有进行安全生产公益宣传教育的义务,有对违反安全生产法律、法规的行为进行舆论监督的权利。

第七十五条 负有安全生产监督管理职责的部门应当建立安全生产违法行为信息库,如实记录生产经营单位的安全生产违法行为信息;对违法行为情节严重的生产经营单位,应当向社会公告,并通报行业主管部门、投资主管部门、国土资源主管部门、证券监督管理机构以及有关金融机构。

第五章 生产安全事故的应急救援与调查处理

第七十六条 国家加强生产安全事故应急能力建设,在重点行业、领域建立应急救援基地和应急救援队伍,鼓励生产经营单位和其他社会力量建立应急救援队伍,配备相应的应急救援装备和物资,提高应急救援的专业化水平。

国务院安全生产监督管理部门建立全国统一的生产安全事故应急救援信息系统,国务院有关部门建立健全相关行业、领域的生产安全事故应急救援信息系统。

第七十七条 县级以上地方各级人民政府应当组织有关部门制定本行政区域内生产安全事故应急救援预案,建立应急救援体系。

第七十八条 生产经营单位应当制定本单位生产安全事故应急救援预案,与所在地县级以上地方人民政府组织制定的生产安全事故应急救援预案相衔接,并定期组织演练。

第七十九条　危险物品的生产、经营、储存单位以及矿山、金属冶炼、城市轨道交通运营、建筑施工单位应当建立应急救援组织;生产经营规模较小的,可以不建立应急救援组织,但应当指定兼职的应急救援人员。

危险物品的生产、经营、储存、运输单位以及矿山、金属冶炼、城市轨道交通运营、建筑施工单位应当配备必要的应急救援器材、设备和物资,并进行经常性维护、保养,保证正常运转。

第八十条　生产经营单位发生生产安全事故后,事故现场有关人员应当立即报告本单位负责人。

单位负责人接到事故报告后,应当迅速采取有效措施,组织抢救,防止事故扩大,减少人员伤亡和财产损失,并按照国家有关规定立即如实报告当地负有安全生产监督管理职责的部门,不得隐瞒不报、谎报或者迟报,不得故意破坏事故现场、毁灭有关证据。

第八十一条　负有安全生产监督管理职责的部门接到事故报告后,应当立即按照国家有关规定上报事故情况。负有安全生产监督管理职责的部门和有关地方人民政府对事故情况不得隐瞒不报、谎报或者迟报。

第八十二条　有关地方人民政府和负有安全生产监督管理职责的部门的负责人接到生产安全事故报告后,应当按照生产安全事故应急救援预案的要求立即赶到事故现场,组织事故抢救。

参与事故抢救的部门和单位应当服从统一指挥,加强协同联动,采取有效的应急救援措施,并根据事故救援的需要采取警戒、疏散等措施,防止事故扩大和次生灾害的发生,减少人员伤亡和财产损失。

事故抢救过程中应当采取必要措施,避免或者减少对环境造成的危害。

任何单位和个人都应当支持、配合事故抢救,并提供一切便利条件。

第八十三条 事故调查处理应当按照科学严谨、依法依规、实事求是、注重实效的原则,及时、准确地查清事故原因,查明事故性质和责任,总结事故教训,提出整改措施,并对事故责任者提出处理意见。事故调查报告应当依法及时向社会公布。事故调查和处理的具体办法由国务院制定。

事故发生单位应当及时全面落实整改措施,负有安全生产监督管理职责的部门应当加强监督检查。

第八十四条 生产经营单位发生生产安全事故,经调查确定为责任事故的,除了应当查明事故单位的责任并依法予以追究外,还应当查明对安全生产的有关事项负有审查批准和监督职责的行政部门的责任,对有失职、渎职行为的,依照本法第八十七条的规定追究法律责任。

第八十五条 任何单位和个人不得阻挠和干涉对事故的依法调查处理。

第八十六条 县级以上地方各级人民政府安全生产监督管理部门应当定期统计分析本行政区域内发生生产安全事故的情况,并定期向社会公布。

第六章 法律责任

第八十七条 负有安全生产监督管理职责的部门的工作人员,有下列行为之一的,给予降级或者撤职的处分;构成犯罪的,依照刑法有关规定追究刑事责任:

（一）对不符合法定安全生产条件的涉及安全生产的事项予以批准或者验收通过的；

（二）发现未依法取得批准、验收的单位擅自从事有关活动或者接到举报后不予取缔或者不依法予以处理的；

（三）对已经依法取得批准的单位不履行监督管理职责，发现其不再具备安全生产条件而不撤销原批准或者发现安全生产违法行为不予查处的；

（四）在监督检查中发现重大事故隐患，不依法及时处理的。

负有安全生产监督管理职责的部门的工作人员有前款规定以外的滥用职权、玩忽职守、徇私舞弊行为的，依法给予处分；构成犯罪的，依照刑法有关规定追究刑事责任。

第八十八条 负有安全生产监督管理职责的部门，要求被审查、验收的单位购买其指定的安全设备、器材或者其他产品的，在对安全生产事项的审查、验收中收取费用的，由其上级机关或者监察机关责令改正，责令退还收取的费用；情节严重的，对直接负责的主管人员和其他直接责任人员依法给予处分。

第八十九条 承担安全评价、认证、检测、检验工作的机构，出具虚假证明的，没收违法所得；违法所得在十万元以上的，并处违法所得二倍以上五倍以下的罚款；没有违法所得或者违法所得不足十万元的，单处或者并处十万元以上二十万元以下的罚款；对其直接负责的主管人员和其他直接责任人员处二万元以上五万元以下的罚款；给他人造成损害的，与生产经营单位承担连带赔偿责任；构成犯罪的，依照刑法有关规定追究刑事责任。

对有前款违法行为的机构，吊销其相应资质。

第九十条 生产经营单位的决策机构、主要负责人或者个人经营的投资人不依照本法规定保证安全生产所必需的资金投入，致使生产经营单位不具备安全生产条件的,责令限期改正,提供必需的资金;逾期未改正的,责令生产经营单位停产停业整顿。

有前款违法行为,导致发生生产安全事故的,对生产经营单位的主要负责人给予撤职处分,对个人经营的投资人处二万元以上二十万元以下的罚款;构成犯罪的,依照刑法有关规定追究刑事责任。

第九十一条 生产经营单位的主要负责人未履行本法规定的安全生产管理职责的,责令限期改正;逾期未改正的,处二万元以上五万元以下的罚款,责令生产经营单位停产停业整顿。

生产经营单位的主要负责人有前款违法行为,导致发生生产安全事故的,给予撤职处分;构成犯罪的,依照刑法有关规定追究刑事责任。

生产经营单位的主要负责人依照前款规定受刑事处罚或者撤职处分的,自刑罚执行完毕或者受处分之日起,五年内不得担任任何生产经营单位的主要负责人;对重大、特别重大生产安全事故负有责任的,终身不得担任本行业生产经营单位的主要负责人。

第九十二条 生产经营单位的主要负责人未履行本法规定的安全生产管理职责,导致发生生产安全事故的,由安全生产监督管理部门依照下列规定处以罚款:

(一)发生一般事故的,处上一年年收入百分之三十的罚款;

(二)发生较大事故的,处上一年年收入百分之四十的罚款;

(三)发生重大事故的,处上一年年收入百分之六十的罚款;

(四)发生特别重大事故的,处上一年年收入百分之八十的罚款。

第九十三条 生产经营单位的安全生产管理人员未履行本

法规定的安全生产管理职责的,责令限期改正;导致发生生产安全事故的,暂停或者撤销其与安全生产有关的资格;构成犯罪的,依照刑法有关规定追究刑事责任。

第九十四条 生产经营单位有下列行为之一的,责令限期改正,可以处五万元以下的罚款;逾期未改正的,责令停产停业整顿,并处五万元以上十万元以下的罚款,对其直接负责的主管人员和其他直接责任人员处一万元以上二万元以下的罚款:

(一)未按照规定设置安全生产管理机构或者配备安全生产管理人员的;

(二)危险物品的生产、经营、储存单位以及矿山、金属冶炼、建筑施工、道路运输单位的主要负责人和安全生产管理人员未按照规定经考核合格的;

(三)未按照规定对从业人员、被派遣劳动者、实习学生进行安全生产教育和培训,或者未按照规定如实告知有关的安全生产事项的;

(四)未如实记录安全生产教育和培训情况的;

(五)未将事故隐患排查治理情况如实记录或者未向从业人员通报的;

(六)未按照规定制定生产安全事故应急救援预案或者未定期组织演练的;

(七)特种作业人员未按照规定经专门的安全作业培训并取得相应资格,上岗作业的。

第九十五条 生产经营单位有下列行为之一的,责令停止建设或者停产停业整顿,限期改正;逾期未改正的,处五十万元以上一百万元以下的罚款,对其直接负责的主管人员和其他直接责任人员处二万元以上五万元以下的罚款;构成犯罪的,依照刑法有关规定追究刑事责任：

（一）未按照规定对矿山、金属冶炼建设项目或者用于生产、储存、装卸危险物品的建设项目进行安全评价的；

（二）矿山、金属冶炼建设项目或者用于生产、储存、装卸危险物品的建设项目没有安全设施设计或者安全设施设计未按照规定报经有关部门审查同意的；

（三）矿山、金属冶炼建设项目或者用于生产、储存、装卸危险物品的建设项目的施工单位未按照批准的安全设施设计施工的；

（四）矿山、金属冶炼建设项目或者用于生产、储存危险物品的建设项目竣工投入生产或者使用前，安全设施未经验收合格的。

第九十六条　生产经营单位有下列行为之一的，责令限期改正，可以处五万元以下的罚款；逾期未改正的，处五万元以上二十万元以下的罚款，对其直接负责的主管人员和其他直接责任人员处一万元以上二万元以下的罚款；情节严重的，责令停产停业整顿；构成犯罪的，依照刑法有关规定追究刑事责任：

（一）未在有较大危险因素的生产经营场所和有关设施、设备上设置明显的安全警示标志的；

（二）安全设备的安装、使用、检测、改造和报废不符合国家标准或者行业标准的；

（三）未对安全设备进行经常性维护、保养和定期检测的；

（四）未为从业人员提供符合国家标准或者行业标准的劳动防护用品的；

（五）危险物品的容器、运输工具，以及涉及人身安全、危险性较大的海洋石油开采特种设备和矿山井下特种设备未经具有专业资质的机构检测、检验合格，取得安全使用证或者安全标志，投入使用的；

（六）使用应当淘汰的危及生产安全的工艺、设备的。

第九十七条　未经依法批准，擅自生产、经营、运输、储存、使用危险物品或者处置废弃危险物品的，依照有关危险物品安全管理的法律、行政法规的规定予以处罚；构成犯罪的，依照刑法有关规定追究刑事责任。

第九十八条　生产经营单位有下列行为之一的，责令限期改正，可以处十万元以下的罚款；逾期未改正的，责令停产停业整顿，并处十万元以上二十万元以下的罚款，对其直接负责的主管人员和其他直接责任人员处二万元以上五万元以下的罚款；构成犯罪的，依照刑法有关规定追究刑事责任：

（一）生产、经营、运输、储存、使用危险物品或者处置废弃危险物品，未建立专门安全管理制度、未采取可靠的安全措施的；

（二）对重大危险源未登记建档，或者未进行评估、监控，或者未制定应急预案的；

（三）进行爆破、吊装以及国务院安全生产监督管理部门会同国务院有关部门规定的其他危险作业，未安排专门人员进行现场安全管理的；

（四）未建立事故隐患排查治理制度的。

第九十九条　生产经营单位未采取措施消除事故隐患的，责令立即消除或者限期消除；生产经营单位拒不执行的，责令停产停业整顿，并处十万元以上五十万元以下的罚款，对其直接负责的主管人员和其他直接责任人员处二万元以上五万元以下的罚款。

第一百条　生产经营单位将生产经营项目、场所、设备发包或者出租给不具备安全生产条件或者相应资质的单位或者个人的,责令限期改正,没收违法所得;违法所得十万元以上的,并处违法所得二倍以上五倍以下的罚款;没有违法所得或者违法所得不足十万元的,单处或者并处十万元以上二十万元以下的罚款;对其直接负责的主管人员和其他直接责任人员处一万元以上二万元以下的罚款;导致发生生产安全事故给他人造成损害的,与承包方、承租方承担连带赔偿责任。

生产经营单位未与承包单位、承租单位签订专门的安全生产管理协议或者未在承包合同、租赁合同中明确各自的安全生产管理职责,或者未对承包单位、承租单位的安全生产统一协调、管理的,责令限期改正,可以处五万元以下的罚款,对其直接负责的主管人员和其他直接责任人员可以处一万元以下的罚款;逾期未改正的,责令停产停业整顿。

第一百零一条 两个以上生产经营单位在同一作业区域内进行可能危及对方安全生产的生产经营活动,未签订安全生产管理协议或者未指定专职安全生产管理人员进行安全检查与协调的,责令限期改正,可以处五万元以下的罚款,对其直接负责的主管人员和其他直接责任人员可以处一万元以下的罚款;逾期未改正的,责令停产停业。

第一百零二条 生产经营单位有下列行为之一的,责令限期改正,可以处五万元以下的罚款,对其直接负责的主管人员和其他直接责任人员可以处一万元以下的罚款;逾期未改正的,责令停产停业整顿;构成犯罪的,依照刑法有关规定追究刑事责任:

(一)生产、经营、储存、使用危险物品的车间、商店、仓库与员工宿舍在同一座建筑内,或者与员工宿舍的距离不符合安全要求的;

(二)生产经营场所和员工宿舍未设有符合紧急疏散需要、标志明显、保持畅通的出口,或者锁闭、封堵生产经营场所或者员工宿舍出口的。

第一百零三条　生产经营单位与从业人员订立协议,免除或者减轻其对从业人员因生产安全事故伤亡依法应承担的责任的,该协议无效;对生产经营单位的主要负责人、个人经营的投资人处二万元以上十万元以下的罚款。

第一百零四条　生产经营单位的从业人员不服从管理,违反安全生产规章制度或者操作规程的,由生产经营单位给予批评教育,依照有关规章制度给予处分;构成犯罪的,依照刑法有关规定追究刑事责任。

第一百零五条　违反本法规定,生产经营单位拒绝、阻碍负有安全生产监督管理职责的部门依法实施监督检查的,责令改正;拒不改正的,处二万元以上二十万元以下的罚款;对其直接负责的主管人员和其他直接责任人员处一万元以上二万元以下的罚款;构成犯罪的,依照刑法有关规定追究刑事责任。

第一百零六条　生产经营单位的主要负责人在本单位发生生产安全事故时,不立即组织抢救或者在事故调查处理期间擅离职守或者逃匿的,给予降级、撤职的处分,并由安全生产监督管理部门处上一年年收入百分之六十至百分之一百的罚款;对逃匿的处十五日以下拘留;构成犯罪的,依照刑法有关规定追究刑事责任。

生产经营单位的主要负责人对生产安全事故隐瞒不报、谎报或者迟报的,依照前款规定处罚。

第一百零七条　有关地方人民政府、负有安全生产监督管理职责的部门,对生产安全事故隐瞒不报、谎报或者迟报的,对直接负责的主管人员和其他直接责任人员依法给予处分;构成犯罪的,依照刑法有关规定追究刑事责任。

第一百零八条 生产经营单位不具备本法和其他有关法律、行政法规和国家标准或者行业标准规定的安全生产条件,经停产停业整顿仍不具备安全生产条件的,予以关闭;有关部门应当依法吊销其有关证照。

第一百零九条 发生生产安全事故,对负有责任的生产经营单位除要求其依法承担相应的赔偿等责任外,由安全生产监督管理部门依照下列规定处以罚款:

(一)发生一般事故的,处二十万元以上五十万元以下的罚款;

(二)发生较大事故的,处五十万元以上一百万元以下的罚款;

(三)发生重大事故的,处一百万元以上五百万元以下的罚款;

(四)发生特别重大事故的,处五百万元以上一千万元以下的罚款;情节特别严重的,处一千万元以上二千万元以下的罚款。

第一百一十条 本法规定的行政处罚,由安全生产监督管理部门和其他负有安全生产监督管理职责的部门按照职责分工决定。予以关闭的行政处罚由负有安全生产监督管理职责的部门报请县级以上人民政府按照国务院规定的权限决定;给予拘留的行政处罚由公安机关依照治安管理处罚法的规定决定。

第一百一十一条 生产经营单位发生生产安全事故造成人员伤亡、他人财产损失的,应当依法承担赔偿责任;拒不承担或者其负责人逃匿的,由人民法院依法强制执行。

生产安全事故的责任人未依法承担赔偿责任,经人民法院依法采取执行措施后,仍不能对受害人给予足额赔偿的,应当继续履行赔偿义务;受害人发现责任人有其他财产的,可以随时请求人民法院执行。

第七章 附则

第一百一十二条 本法下列用语的含义:

危险物品,是指易燃易爆物品、危险化学品、放射性物品等能够危及人身安全和财产安全的物品。

重大危险源,是指长期地或者临时地生产、搬运、使用或者储存危险物品,且危险物品的数量等于或者超过临界量的单元(包括场所和设施)。

第一百一十三条 本法规定的生产安全一般事故、较大事故、重大事故、特别重大事故的划分标准由国务院规定。

国务院安全生产监督管理部门和其他负有安全生产监督管理职责的部门应当根据各自的职责分工,制定相关行业、领域重大事故隐患的判定标准。

第一百一十四条 本法自2014年11月1日起施行。

工伤保险条例

(2011年1月1日施行)

第一章 总则

第一条 为了保障因工作遭受事故伤害或者患职业病的职工获得医疗救治和经济补偿,促进工伤预防和职业康复,分散用人单位的工伤风险,制定本条例。

第二条 中华人民共和国境内的企业、事业单位、社会团体、民办非企业单位、基金会、律师事务所、会计师事务所等组织和有雇工的个体工商户(以下称用人单位)应当依照本条例规定参加工伤保险,为本单位全部职工或者雇工(以下称职工)缴纳工伤保险费。

中华人民共和国境内的企业、事业单位、社会团体、民办非企业单位、基金会、律师事务所、会计师事务所等组织的职工和个体工商户的雇工,均有依照本条例的规定享受工伤保险待遇的权利。

第三条 工伤保险费的征缴按照《社会保险费征缴暂行条例》关于基本养老保险费、基本医疗保险费、失业保险费的征缴规定执行。

第四条 用人单位应当将参加工伤保险的有关情况在本单位内公示。

用人单位和职工应当遵守有关安全生产和职业病防治的法律法规,执行安全卫生规程和标准,预防工伤事故发生,避免和减少职业病危害。

职工发生工伤时,用人单位应当采取措施使工伤职工得到及时救治。

第五条 国务院社会保险行政部门负责全国的工伤保险工作。

县级以上地方各级人民政府社会保险行政部门负责本行政区域内的工伤保险工作。

社会保险行政部门按照国务院有关规定设立的社会保险经办机构(以下称经办机构)具体承办工伤保险事务。

第六条 社会保险行政部门等部门制定工伤保险的政策、标准,应当征求工会组织、用人单位代表的意见。

第二章 工伤保险基金

第七条 工伤保险基金由用人单位缴纳的工伤保险费、工伤保险基金的利息和依法纳入工伤保险基金的其他资金构成。

第八条 工伤保险费根据以支定收、收支平衡的原则,确定费率。

国家根据不同行业的工伤风险程度确定行业的差别费率,并根据工伤保险费使用、工伤发生率等情况在每个行业内确定若干费率档次。行业差别费率及行业内费率档次由国务院社会保险行政部门制定,报国务院批准后公布施行。

统筹地区经办机构根据用人单位工伤保险费使用、工伤发生率等情况,适用所属行业内相应的费率档次确定单位缴费费率。

第九条 国务院社会保险行政部门应当定期了解全国各统筹地区工伤保险基金收支情况,及时提出调整行业差别费率及行业内费率档次的方案,报国务院批准后公布施行。

第十条 用人单位应当按时缴纳工伤保险费。职工个人不缴纳工伤保险费。

用人单位缴纳工伤保险费的数额为本单位职工工资总额乘以单位缴费费率之积。

对难以按照工资总额缴纳工伤保险费的行业,其缴纳工伤保险费的具体方式,由国务院社会保险行政部门规定。

第十一条 工伤保险基金逐步实行省级统筹。

跨地区、生产流动性较大的行业,可以采取相对集中的方式异地参加统筹地区的工伤保险。具体办法由国务院社会保险行政部门会同有关行业的主管部门制定。

第十二条 工伤保险基金存入社会保障基金财政专户,用于本条例规定的工伤保险待遇,劳动能力鉴定,工伤预防的宣传、培训等费用,以及法律、法规规定的用于工伤保险的其他费用的支付。

工伤预防费用的提取比例、使用和管理的具体办法,由国务院社会保险行政部门会同国务院财政、卫生行政、安全生产监督管理等部门规定。

任何单位或者个人不得将工伤保险基金用于投资运营、兴建或者改建办公场所、发放奖金,或者挪作其他用途。

第十三条 工伤保险基金应当留有一定比例的储备金,用于统筹地区重大事故的工伤保险待遇支付;储备金不足支付的,由统筹地区的人民政府垫付。储备金占基金总额的具体比例和储备金的使用办法,由省、自治区、直辖市人民政府规定。

第三章 工伤认定

第十四条 职工有下列情形之一的,应当认定为工伤:

(一)在工作时间和工作场所内,因工作原因受到事故伤害的;

(二)工作时间前后在工作场所内,从事与工作有关的预备性或者收尾性工作受到事故伤害的;

(三)在工作时间和工作场所内,因履行工作职责受到暴力等意外伤害的;

(四)患职业病的;

(五)因工外出期间,由于工作原因受到伤害或者发生事故下落不明的;

(六)在上下班途中,受到非本人主要责任的交通事故或者城市轨道交通、客运轮渡、火车事故伤害的;

（七）法律、行政法规规定应当认定为工伤的其他情形。

第十五条 职工有下列情形之一的,视同工伤:

（一）在工作时间和工作岗位,突发疾病死亡或者在 48 小时之内经抢救无效死亡的;

（二）在抢险救灾等维护国家利益、公共利益活动中受到伤害的;

（三）职工原在军队服役,因战、因公负伤致残,已取得革命伤残军人证,到用人单位后旧伤复发的。

职工有前款第（一）项、第（二）项情形的,按照本条例的有关规定享受工伤保险待遇;职工有前款第（三）项情形的,按照本条例的有关规定享受除一次性伤残补助金以外的工伤保险待遇。

第十六条 职工符合本条例第十四条、第十五条的规定,但是有下列情形之一的,不得认定为工伤或者视同工伤:

（一）故意犯罪的;

（二）醉酒或者吸毒的;

（三）自残或者自杀的。

第十七条 职工发生事故伤害或者按照职业病防治法规定被诊断、鉴定为职业病,所在单位应当自事故伤害发生之日或者被诊断、鉴定为职业病之日起 30 日内,向统筹地区社会保险行政部门提出工伤认定申请。遇有特殊情况,经报社会保险行政部门同意,申请时限可以适当延长。

用人单位未按前款规定提出工伤认定申请的,工伤职工或者其近亲属、工会组织在事故伤害发生之日或者被诊断、鉴定为职业病之日起 1 年内,可以直接向用人单位所在地统筹地区社会保险行政部门提出工伤认定申请。

按照本条第一款规定应当由省级社会保险行政部门进行工

伤认定的事项,根据属地原则由用人单位所在地的设区的市级社会保险行政部门办理。

用人单位未在本条第一款规定的时限内提交工伤认定申请,在此期间发生符合本条例规定的工伤待遇等有关费用由该用人单位负担。

第十八条 提出工伤认定申请应当提交下列材料:

(一)工伤认定申请表;

(二)与用人单位存在劳动关系(包括事实劳动关系)的证明材料;

(三)医疗诊断证明或者职业病诊断证明书(或者职业病诊断鉴定书)。

工伤认定申请表应当包括事故发生的时间、地点、原因以及职工伤害程度等基本情况。

工伤认定申请人提供材料不完整的,社会保险行政部门应当一次性书面告知工伤认定申请人需要补正的全部材料。申请人按照书面告知要求补正材料后,社会保险行政部门应当受理。

第十九条 社会保险行政部门受理工伤认定申请后,根据审核需要可以对事故伤害进行调查核实,用人单位、职工、工会组织、医疗机构以及有关部门应当予以协助。职业病诊断和诊断争议的鉴定,依照职业病防治法的有关规定执行。对依法取得职业病诊断证明书或者职业病诊断鉴定书的,社会保险行政部门不再进行调查核实。

职工或者其近亲属认为是工伤,用人单位不认为是工伤的,由用人单位承担举证责任。

第二十条 社会保险行政部门应当自受理工伤认定申请之日起 60 日内作出工伤认定的决定,并书面通知申请工伤认定的职工或者其近亲属和该职工所在单位。

社会保险行政部门对受理的事实清楚、权利义务明确的工伤认定申请,应当在15日内作出工伤认定的决定。

作出工伤认定决定需要以司法机关或者有关行政主管部门的结论为依据的,在司法机关或者有关行政主管部门尚未作出结论期间,作出工伤认定决定的时限中止。

社会保险行政部门工作人员与工伤认定申请人有利害关系的,应当回避。

第四章 劳动能力鉴定

第二十一条 职工发生工伤,经治疗伤情相对稳定后存在残疾、影响劳动能力的,应当进行劳动能力鉴定。

第二十二条 劳动能力鉴定是指劳动功能障碍程度和生活自理障碍程度的等级鉴定。

劳动功能障碍分为十个伤残等级,最重的为一级,最轻的为十级。

生活自理障碍分为三个等级:生活完全不能自理、生活大部分不能自理和生活部分不能自理。

劳动能力鉴定标准由国务院社会保险行政部门会同国务院卫生行政部门等部门制定。

第二十三条 劳动能力鉴定由用人单位、工伤职工或者其近亲属向设区的市级劳动能力鉴定委员会提出申请,并提供工伤认定决定和职工工伤医疗的有关资料。

第二十四条 省、自治区、直辖市劳动能力鉴定委员会和设区的市级劳动能力鉴定委员会分别由省、自治区、直辖市和设区的市级社会保险行政部门、卫生行政部门、工会组织、经办机构代表以及用人单位代表组成。

劳动能力鉴定委员会建立医疗卫生专家库。列入专家库的医疗卫生专业技术人员应当具备下列条件：

（一）具有医疗卫生高级专业技术职务任职资格；

（二）掌握劳动能力鉴定的相关知识；

（三）具有良好的职业品德。

第二十五条 设区的市级劳动能力鉴定委员会收到劳动能力鉴定申请后，应当从其建立的医疗卫生专家库中随机抽取3名或者5名相关专家组成专家组，由专家组提出鉴定意见。设区的市级劳动能力鉴定委员会根据专家组的鉴定意见作出工伤职工劳动能力鉴定结论；必要时，可以委托具备资格的医疗机构协助进行有关的诊断。

设区的市级劳动能力鉴定委员会应当自收到劳动能力鉴定申请之日起60日内作出劳动能力鉴定结论，必要时，作出劳动能力鉴定结论的期限可以延长30日。劳动能力鉴定结论应当及时送达申请鉴定的单位和个人。

第二十六条 申请鉴定的单位或者个人对设区的市级劳动能力鉴定委员会作出的鉴定结论不服的，可以在收到该鉴定结论之日起15日内向省、自治区、直辖市劳动能力鉴定委员会提出再次鉴定申请。省、自治区、直辖市劳动能力鉴定委员会作出的劳动能力鉴定结论为最终结论。

第二十七条 劳动能力鉴定工作应当客观、公正。劳动能力鉴定委员会组成人员或者参加鉴定的专家与当事人有利害关系的，应当回避。

第二十八条 自劳动能力鉴定结论作出之日起1年后，工伤职工或者其近亲属、所在单位或者经办机构认为伤残情况发生变化的,可以申请劳动能力复查鉴定。

第二十九条　劳动能力鉴定委员会依照本条例第二十六条和第二十八条的规定进行再次鉴定和复查鉴定的期限,依照本条例第二十五条第二款的规定执行。

第五章　工伤保险待遇

第三十条　职工因工作遭受事故伤害或者患职业病进行治疗,享受工伤医疗待遇。

职工治疗工伤应当在签订服务协议的医疗机构就医,情况紧急时可以先到就近的医疗机构急救。

治疗工伤所需费用符合工伤保险诊疗项目目录、工伤保险药品目录、工伤保险住院服务标准的,从工伤保险基金支付。工伤保险诊疗项目目录、工伤保险药品目录、工伤保险住院服务标准,由国务院社会保险行政部门会同国务院卫生行政部门、食品药品监督管理部门等部门规定。

职工住院治疗工伤的伙食补助费,以及经医疗机构出具证明,报经办机构同意,工伤职工到统筹地区以外就医所需的交通、食宿费用从工伤保险基金支付,基金支付的具体标准由统筹地区人民政府规定。

工伤职工治疗非工伤引发的疾病,不享受工伤医疗待遇,按照基本医疗保险办法处理。

工伤职工到签订服务协议的医疗机构进行工伤康复的费用,符合规定的,从工伤保险基金支付。

第三十一条　社会保险行政部门作出认定为工伤的决定后发生行政复议、行政诉讼的,行政复议和行政诉讼期间不停止支付工伤职工治疗工伤的医疗费用。

第三十二条 工伤职工因日常生活或者就业需要,经劳动能力鉴定委员会确认,可以安装假肢、矫形器、假眼、假牙和配置轮椅等辅助器具,所需费用按照国家规定的标准从工伤保险基金支付。

第三十三条 职工因工作遭受事故伤害或者患职业病需要暂停工作接受工伤医疗的,在停工留薪期内,原工资福利待遇不变,由所在单位按月支付。

停工留薪期一般不超过 12 个月。伤情严重或者情况特殊,经设区的市级劳动能力鉴定委员会确认,可以适当延长,但延长不得超过 12 个月。工伤职工评定伤残等级后,停发原待遇,按照本章的有关规定享受伤残待遇。工伤职工在停工留薪期满后仍需治疗的,继续享受工伤医疗待遇。

生活不能自理的工伤职工在停工留薪期需要护理的,由所在单位负责。

第三十四条 工伤职工已经评定伤残等级并经劳动能力鉴定委员会确认需要生活护理的,从工伤保险基金按月支付生活护理费。

生活护理费按照生活完全不能自理、生活大部分不能自理或者生活部分不能自理 3 个不同等级支付,其标准分别为统筹地区上年度职工月平均工资的 50%、40% 或者 30%。

第三十五条 职工因工致残被鉴定为一级至四级伤残的,保留劳动关系,退出工作岗位,享受以下待遇:

(一)从工伤保险基金按伤残等级支付一次性伤残补助金,标准为:一级伤残为 27 个月的本人工资,二级伤残为 25 个月的本人工资,三级伤残为 23 个月的本人工资,四级伤残为 21 个月的本人工资;

（二）从工伤保险基金按月支付伤残津贴，标准为：一级伤残为本人工资的 90％，二级伤残为本人工资的 85％，三级伤残为本人工资的 80％，四级伤残为本人工资的 75％。伤残津贴实际金额低于当地最低工资标准的，由工伤保险基金补足差额；

（三）工伤职工达到退休年龄并办理退休手续后，停发伤残津贴，按照国家有关规定享受基本养老保险待遇。基本养老保险待遇低于伤残津贴的，由工伤保险基金补足差额。

职工因工致残被鉴定为一级至四级伤残的，由用人单位和职工个人以伤残津贴为基数，缴纳基本医疗保险费。

第三十六条　职工因工致残被鉴定为五级、六级伤残的，享受以下待遇：

（一）从工伤保险基金按伤残等级支付一次性伤残补助金，标准为：五级伤残为 18 个月的本人工资，六级伤残为 16 个月的本人工资；

（二）保留与用人单位的劳动关系，由用人单位安排适当工作。难以安排工作的，由用人单位按月发给伤残津贴，标准为：五级伤残为本人工资的 70％，六级伤残为本人工资的 60％，并由用人单位按照规定为其缴纳应缴纳的各项社会保险费。伤残津贴实际金额低于当地最低工资标准的，由用人单位补足差额。

经工伤职工本人提出，该职工可以与用人单位解除或者终止劳动关系，由工伤保险基金支付一次性工伤医疗补助金，由用人单位支付一次性伤残就业补助金。一次性工伤医疗补助金和一次性伤残就业补助金的具体标准由省、自治区、直辖市人民政府规定。

第三十七条　职工因工致残被鉴定为七级至十级伤残的，享受以下待遇：

（一）从工伤保险基金按伤残等级支付一次性伤残补助金，标准为：七级伤残为 13 个月的本人工资，八级伤残为 11 个月的本人工资，九级伤残为 9 个月的本人工资，十级伤残为 7 个月的本人工资；

（二）劳动、聘用合同期满终止，或者职工本人提出解除劳动、聘用合同的，由工伤保险基金支付一次性工伤医疗补助金，由用人单位支付一次性伤残就业补助金。一次性工伤医疗补助金和一次性伤残就业补助金的具体标准由省、自治区、直辖市人民政府规定。

第三十八条　工伤职工工伤复发，确认需要治疗的，享受本条例第三十条、第三十二条和第三十三条规定的工伤待遇。

第三十九条　职工因工死亡，其近亲属按照下列规定从工伤保险基金领取丧葬补助金、供养亲属抚恤金和一次性工亡补助金：

（一）丧葬补助金为 6 个月的统筹地区上年度职工月平均工资；

（二）供养亲属抚恤金按照职工本人工资的一定比例发给由因工死亡职工生前提供主要生活来源、无劳动能力的亲属。标准为：配偶每月 40%，其他亲属每人每月 30%，孤寡老人或者孤儿每人每月在上述标准的基础上增加 10%。核定的各供养亲属的抚恤金之和不应高于因工死亡职工生前的工资。供养亲属的具体范围由国务院社会保险行政部门规定；

（三）一次性工亡补助金标准为上一年度全国城镇居民人均可支配收入（2010 年全国城镇居民人均年可支配收入为 19109 元）的 20 倍。

伤残职工在停工留薪期内因工伤导致死亡的，其近亲属享受本条第一款规定的待遇。

一级至四级伤残职工在停工留薪期满后死亡的,其近亲属可以享受本条第一款第(一)项、第(二)项规定的待遇。

第四十条　伤残津贴、供养亲属抚恤金、生活护理费由统筹地区社会保险行政部门根据职工平均工资和生活费用变化等情况适时调整。调整办法由省、自治区、直辖市人民政府规定。

第四十一条　职工因工外出期间发生事故或者在抢险救灾中下落不明的,从事故发生当月起 3 个月内照发工资,从第 4 个月起停发工资,由工伤保险基金向其供养亲属按月支付供养亲属抚恤金。生活有困难的,可以预支一次性工亡补助金的 50%。职工被人民法院宣告死亡的,按照本条例第三十九条职工因工死亡的规定处理。

第四十二条　工伤职工有下列情形之一的,停止享受工伤保险待遇:

(一)丧失享受待遇条件的;

(二)拒不接受劳动能力鉴定的;

(三)拒绝治疗的。

第四十三条　用人单位分立、合并、转让的,承继单位应当承担原用人单位的工伤保险责任;原用人单位已经参加工伤保险的,承继单位应当到当地经办机构办理工伤保险变更登记。

用人单位实行承包经营的,工伤保险责任由职工劳动关系所在单位承担。

职工被借调期间受到工伤事故伤害的,由原用人单位承担工伤保险责任,但原用人单位与借调单位可以约定补偿办法。

企业破产的,在破产清算时依法拨付应当由单位支付的工伤保险待遇费用。

第四十四条 职工被派遣出境工作,依据前往国家或者地区的法律应当参加当地工伤保险的,参加当地工伤保险,其国内工伤保险关系中止;不能参加当地工伤保险的,其国内工伤保险关系不中止。

第四十五条 职工再次发生工伤,根据规定应当享受伤残津贴的,按照新认定的伤残等级享受伤残津贴待遇。

第六章　监督管理

第四十六条 经办机构具体承办工伤保险事务,履行下列职责:

(一)根据省、自治区、直辖市人民政府规定,征收工伤保险费;

(二)核查用人单位的工资总额和职工人数,办理工伤保险登记,并负责保存用人单位缴费和职工享受工伤保险待遇情况的记录;

(三)进行工伤保险的调查、统计;

(四)按照规定管理工伤保险基金的支出;

(五)按照规定核定工伤保险待遇;

(六)为工伤职工或者其近亲属免费提供咨询服务。

第四十七条 经办机构与医疗机构、辅助器具配置机构在平等协商的基础上签订服务协议,并公布签订服务协议的医疗机构、辅助器具配置机构的名单。具体办法由国务院社会保险行政部门分别会同国务院卫生行政部门、民政部门等部门制定。

第四十八条 经办机构按照协议和国家有关目录、标准对工伤职工医疗费用、康复费用、辅助器具费用的使用情况进行核查,并按时足额结算费用。

第四十九条　经办机构应当定期公布工伤保险基金的收支情况，及时向社会保险行政部门提出调整费率的建议。

第五十条　社会保险行政部门、经办机构应当定期听取工伤职工、医疗机构、辅助器具配置机构以及社会各界对改进工伤保险工作的意见。

第五十一条　社会保险行政部门依法对工伤保险费的征缴和工伤保险基金的支付情况进行监督检查。

财政部门和审计机关依法对工伤保险基金的收支、管理情况进行监督。

第五十二条　任何组织和个人对有关工伤保险的违法行为，有权举报。社会保险行政部门对举报应当及时调查，按照规定处理，并为举报人保密。

第五十三条　工会组织依法维护工伤职工的合法权益，对用人单位的工伤保险工作实行监督。

第五十四条　职工与用人单位发生工伤待遇方面的争议，按照处理劳动争议的有关规定处理。

第五十五条　有下列情形之一的，有关单位或者个人可以依法申请行政复议，也可以依法向人民法院提起行政诉讼：

（一）申请工伤认定的职工或者其近亲属、该职工所在单位对工伤认定申请不予受理的决定不服的；

（二）申请工伤认定的职工或者其近亲属、该职工所在单位对工伤认定结论不服的；

（三）用人单位对经办机构确定的单位缴费费率不服的；

（四）签订服务协议的医疗机构、辅助器具配置机构认为经办机构未履行有关协议或者规定的；

（五）工伤职工或者其近亲属对经办机构核定的工伤保险待

遇有异议的。

第七章　法律责任

第五十六条　单位或者个人违反本条例第十二条规定挪用工伤保险基金,构成犯罪的,依法追究刑事责任;尚不构成犯罪的,依法给予处分或者纪律处分。被挪用的基金由社会保险行政部门追回,并入工伤保险基金;没收的违法所得依法上缴国库。

第五十七条　社会保险行政部门工作人员有下列情形之一的,依法给予处分;情节严重,构成犯罪的,依法追究刑事责任:

(一) 无正当理由不受理工伤认定申请,或者弄虚作假将不符合工伤条件的人员认定为工伤职工的;

(二) 未妥善保管申请工伤认定的证据材料,致使有关证据灭失的;

(三) 收受当事人财物的。

第五十八条　经办机构有下列行为之一的,由社会保险行政部门责令改正,对直接负责的主管人员和其他责任人员依法给予纪律处分;情节严重,构成犯罪的,依法追究刑事责任;造成当事人经济损失的,由经办机构依法承担赔偿责任:

(一) 未按规定保存用人单位缴费和职工享受工伤保险待遇情况记录的;

(二) 不按规定核定工伤保险待遇的;

(三) 收受当事人财物的。

第五十九条　医疗机构、辅助器具配置机构不按服务协议提供服务的,经办机构可以解除服务协议。

经办机构不按时足额结算费用的,由社会保险行政部门责令改正;医疗机构、辅助器具配置机构可以解除服务协议。

第六十条 用人单位、工伤职工或者其近亲属骗取工伤保险待遇，医疗机构、辅助器具配置机构骗取工伤保险基金支出的，由社会保险行政部门责令退还，处骗取金额 2 倍以上 5 倍以下的罚款；情节严重，构成犯罪的，依法追究刑事责任。

第六十一条 从事劳动能力鉴定的组织或者个人有下列情形之一的，由社会保险行政部门责令改正，处 2000 元以上 1 万元以下的罚款；情节严重，构成犯罪的，依法追究刑事责任：

（一）提供虚假鉴定意见的；

（二）提供虚假诊断证明的；

（三）收受当事人财物的。

第六十二条 用人单位依照本条例规定应当参加工伤保险而未参加的，由社会保险行政部门责令限期参加，补缴应当缴纳的工伤保险费，并自欠缴之日起，按日加收万分之五的滞纳金；逾期仍不缴纳的，处欠缴数额 1 倍以上 3 倍以下的罚款。

依照本条例规定应当参加工伤保险而未参加工伤保险的用人单位职工发生工伤的，由该用人单位按照本条例规定的工伤保险待遇项目和标准支付费用。

用人单位参加工伤保险并补缴应当缴纳的工伤保险费、滞纳金后，由工伤保险基金和用人单位依照本条例的规定支付新发生的费用。

第六十三条 用人单位违反本条例第十九条的规定，拒不协助社会保险行政部门对事故进行调查核实的，由社会保险行政部门责令改正，处 2000 元以上 2 万元以下的罚款。

第八章 附则

第六十四条 本条例所称工资总额，是指用人单位直接支付给本单位全部职工的劳动报酬总额。

本条例所称本人工资，是指工伤职工因工作遭受事故伤害或者患职业病前 12 个月平均月缴费工资。本人工资高于统筹地区职工平均工资 300％的，按照统筹地区职工平均工资的 300％计算；本人工资低于统筹地区职工平均工资 60％的，按照统筹地区职工平均工资的 60％计算。

第六十五条 公务员和参照公务员法管理的事业单位、社会团体的工作人员因工作遭受事故伤害或者患职业病的，由所在单位支付费用。具体办法由国务院社会保险行政部门会同国务院财政部门规定。

第六十六条 无营业执照或者未经依法登记、备案的单位以及被依法吊销营业执照或者撤销登记、备案的单位的职工受到事故伤害或者患职业病的，由该单位向伤残职工或者死亡职工的近亲属给予一次性赔偿，赔偿标准不得低于本条例规定的工伤保险待遇；用人单位不得使用童工，用人单位使用童工造成童工伤残、死亡的，由该单位向童工或者童工的近亲属给予一次性赔偿，赔偿标准不得低于本条例规定的工伤保险待遇。具体办法由国务院社会保险行政部门规定。

前款规定的伤残职工或者死亡职工的近亲属就赔偿数额与单位发生争议的，以及前款规定的童工或者童工的近亲属就赔偿数额与单位发生争议的，按照处理劳动争议的有关规定处理。

第六十七条 本条例自 2004 年 1 月 1 日起施行。本条例施行前已受到事故伤害或者患职业病的职工尚未完成工伤认定的，按照本条例的规定执行。

人力资源社会保障部关于执行《工伤保险条例》 若干问题的意见(一)

人社部发〔2013〕34 号

各省、自治区、直辖市及新疆生产建设兵团人力资源社会保障厅 (局):

《国务院关于修改〈工伤保险条例〉的决定》(国务院令第 586 号)已经于 2011 年 1 月 1 日实施。为贯彻执行新修订的《工伤保险条例》,妥善解决实际工作中的问题,更好地保障职工和用人单位的合法权益,现提出如下意见。

一、《工伤保险条例》(以下简称《条例》)第十四条第(五)项规定的"因工外出期间"的认定,应当考虑职工外出是否属于用人单位指派的因工作外出,遭受的事故伤害是否因工作原因所致。

二、《条例》第十四条第(六)项规定的"非本人主要责任"的认定,应当以有关机关出具的法律文书或者人民法院的生效裁决为依据。

三、《条例》第十六条第(一)项"故意犯罪"的认定,应当以司法机关的生效法律文书或者结论性意见为依据。

四、《条例》第十六条第(二)项"醉酒或者吸毒"的认定,应当以有关机关出具的法律文书或者人民法院的生效裁决为依据。无法获得上述证据的,可以结合相关证据认定。

五、社会保险行政部门受理工伤认定申请后,发现劳动关系存在争议且无法确认的,应告知当事人可以向劳动人事争议仲裁委员会申请仲裁。在此期间,作出工伤认定决定的时限中止,并书面通知申请工伤认定的当事人。劳动关系依法确认后,当事人应将有关法律文书送交受理工伤认定申请的社会保险行政部门,该部门自收到生效法律文书之日起恢复工伤认定程序。

六、符合《条例》第十五条第(一)项情形的,职工所在用人单位原则上应自职工死亡之日起5个工作日内向用人单位所在统筹地区社会保险行政部门报告。

七、具备用工主体资格的承包单位违反法律、法规规定,将承包业务转包、分包给不具备用工主体资格的组织或者自然人,该组织或者自然人招用的劳动者从事承包业务时因工伤亡的,由该具备用工主体资格的承包单位承担用人单位依法应承担的工伤保险责任。

八、曾经从事接触职业病危害作业、当时没有发现罹患职业病、离开工作岗位后被诊断或鉴定为职业病的符合下列条件的人员,可以自诊断、鉴定为职业病之日起一年内申请工伤认定,社会保险行政部门应当受理:

(一)办理退休手续后,未再从事接触职业病危害作业的退休人员;

(二)劳动或聘用合同期满后或者本人提出而解除劳动或聘用合同后,未再从事接触职业病危害作业的人员。

经工伤认定和劳动能力鉴定,前款第(一)项人员符合领取一次性伤残补助金条件的,按就高原则以本人退休前12个平均月缴费工资或者确诊职业病前12个月的月平均养老金为基数计发。前款第(二)项人员被鉴定为一级至十级伤残、按《条例》规定应以本人工资作为基数享受相关待遇的,按本人终止或者解除劳动、聘用合同前12个月平均月缴费工资计发。

九、按照本意见第八条规定被认定为工伤的职业病人员,职业病诊断证明书(或职业病诊断鉴定书)中明确的用人单位,在该职工从业期间依法为其缴纳工伤保险费的,按《条例》的规定,分别由工伤保险基金和用人单位支付工伤保险待遇；未依法为该职工缴纳工伤保险费的，由用人单位按照《条例》规定的相关项目和标准支付待遇。

十、职工在同一用人单位连续工作期间多次发生工伤的，符合《条例》第三十六、第三十七条规定领取相关待遇时，按照其在同一用人单位发生工伤的最高伤残级别，计发一次性伤残就业补助金和一次性工伤医疗补助金。

十一、依据《条例》第四十二条的规定停止支付工伤保险待遇的，在停止支付待遇的情形消失后，自下月起恢复工伤保险待遇，停止支付的工伤保险待遇不予补发。

十二、《条例》第六十二条第三款规定的"新发生的费用"，是指用人单位职工参加工伤保险前发生工伤的，在参加工伤保险后新发生的费用。

十三、由工伤保险基金支付的各项待遇应按《条例》相关规定支付，不得采取将长期待遇改为一次性支付的办法。

十四、核定工伤职工工伤保险待遇时，若上一年度相关数据尚未公布，可暂按前一年度的全国城镇居民人均可支配收入、统筹地区职工月平均工资核定和计发，待相关数据公布后再重新核定，社会保险经办机构或者用人单位予以补发差额部分。

本意见自发文之日起执行，此前有关规定与本意见不一致的，按本意见执行。执行中有重大问题，请及时报告我部。

人力资源社会保障部

2013 年 4 月 25 日

人力资源社会保障部关于执行《工伤保险条例》若干问题的意见(二)

人社部发〔2016〕29 号

各省、自治区、直辖市及新疆生产建设兵团人力资源社会保障厅(局):

为更好地贯彻执行新修订的《工伤保险条例》,提高依法行政能力和水平,妥善解决实际工作中的问题,保障职工和用人单位合法权益,现提出如下意见:

一、一级至四级工伤职工死亡,其近亲属同时符合领取工伤保险丧葬补助金、供养亲属抚恤金待遇和职工基本养老保险丧葬补助金、抚恤金待遇条件的,由其近亲属选择领取工伤保险或职工基本养老保险其中一种。

二、达到或超过法定退休年龄,但未办理退休手续或者未依法享受城镇职工基本养老保险待遇,继续在原用人单位工作期间受到事故伤害或患职业病的,用人单位依法承担工伤保险责任。

用人单位招用已经达到、超过法定退休年龄或已经领取城镇职工基本养老保险待遇的人员,在用工期间因工作原因受到事故伤害或患职业病的,如招用单位已按项目参保等方式为其缴纳工伤保险费的,应适用《工伤保险条例》。

三、《工伤保险条例》第六十二条规定的"新发生的费用",是指用人单位参加工伤保险前发生工伤的职工,在参加工伤保险后新发生的费用。其中由工伤保险基金支付的费用,按不同情况予以处理:

(一)因工受伤的,支付参保后新发生的工伤医疗费、工伤康复费、住院伙食补助费、统筹地区以外就医交通食宿费、辅助器具

配置费、生活护理费、一级至四级伤残职工伤残津贴,以及参保后解除劳动合同时的一次性工伤医疗补助金;

(二)因工死亡的,支付参保后新发生的符合条件的供养亲属抚恤金。

四、职工在参加用人单位组织或者受用人单位指派参加其他单位组织的活动中受到事故伤害的,应当视为工作原因,但参加与工作无关的活动除外。

五、职工因工作原因驻外,有固定的住所、有明确的作息时间,工伤认定时按照在驻在地当地正常工作的情形处理。

六、职工以上下班为目的、在合理时间内往返于工作单位和居住地之间的合理路线,视为上下班途中。

七、用人单位注册地与生产经营地不在同一统筹地区的,原则上应在注册地为职工参加工伤保险;未在注册地参加工伤保险的职工,可由用人单位在生产经营地为其参加工伤保险。

劳务派遣单位跨地区派遣劳动者,应根据《劳务派遣暂行规定》参加工伤保险。建筑施工企业按项目参保的,应在施工项目所在地参加工伤保险。

职工受到事故伤害或者患职业病后,在参保地进行工伤认定、劳动能力鉴定,并按照参保地的规定依法享受工伤保险待遇;未参加工伤保险的职工,应当在生产经营地进行工伤认定、劳动能力鉴定,并按照生产经营地的规定依法由用人单位支付工伤保险待遇。

八、有下列情形之一的,被延误的时间不计算在工伤认定申请时限内。

(一)受不可抗力影响的;

(二)职工由于被国家机关依法采取强制措施等人身自由受

到限制不能申请工伤认定的；

（三）申请人正式提交了工伤认定申请，但因社会保险机构未登记或者材料遗失等原因造成申请超时限的；

（四）当事人就确认劳动关系申请劳动仲裁或提起民事诉讼的；

（五）其他符合法律法规规定的情形。

九、《工伤保险条例》第六十七条规定的"尚未完成工伤认定的"，是指在《工伤保险条例》施行前遭受事故伤害或被诊断鉴定为职业病，且在工伤认定申请法定时限内（从《工伤保险条例》施行之日起算）提出工伤认定申请，尚未做出工伤认定的情形。

十、因工伤认定申请人或者用人单位隐瞒有关情况或者提供虚假材料，导致工伤认定决定错误的，社会保险行政部门发现后，应当及时予以更正。

本意见自发文之日起执行，此前有关规定与本意见不一致的，按本意见执行。执行中有重大问题，请及时报告我部。

人力资源社会保障部

2016 年 3 月 26 日

工伤认定办法
（2011 年 1 月 1 日施行）

第一条　为规范工伤认定程序，依法进行工伤认定，维护当事人的合法权益，根据《工伤保险条例》的有关规定，制定本办法。

第二条　社会保险行政部门进行工伤认定按照本办法执行。

第三条 工伤认定应当客观公正、简捷方便，认定程序应当向社会公开。

第四条 职工发生事故伤害或者按照职业病防治法规定被诊断、鉴定为职业病，所在单位应当自事故伤害发生之日或者被诊断、鉴定为职业病之日起 30 日内，向统筹地区社会保险行政部门提出工伤认定申请。遇有特殊情况，经报社会保险行政部门同意，申请时限可以适当延长。

按照前款规定应当向省级社会保险行政部门提出工伤认定申请的，根据属地原则应当向用人单位所在地设区的市级社会保险行政部门提出。

第五条 用人单位未在规定的时限内提出工伤认定申请的，受伤害职工或者其近亲属、工会组织在事故伤害发生之日或者被诊断、鉴定为职业病之日起 1 年内，可以直接按照本办法第四条规定提出工伤认定申请。

第六条 提出工伤认定申请应当填写《工伤认定申请表》，并提交下列材料：

（一）劳动、聘用合同文本复印件或者与用人单位存在劳动关系（包括事实劳动关系）、人事关系的其他证明材料；

（二）医疗机构出具的受伤后诊断证明书或者职业病诊断证明书（或者职业病诊断鉴定书）。

第七条 工伤认定申请人提交的申请材料符合要求，属于社会保险行政部门管辖范围且在受理时限内的，社会保险行政部门应当受理。

第八条 社会保险行政部门收到工伤认定申请后，应当在 15 日内对申请人提交的材料进行审核，材料完整的，作出受理或者不予受理的决定；材料不完整的，应当以书面形式一次性告知申请人需要补正的全部材料。社会保险行政部门收到申请人提交的全部补正材料后，应当在 15 日内作出受理或者不予受理的决定。

社会保险行政部门决定受理的，应当出具《工伤认定申请受理决定书》；决定不予受理的，应当出具《工伤认定申请不予受理决定书》。

第九条 社会保险行政部门受理工伤认定申请后，可以根据需要对申请人提供的证据进行调查核实。

第十条 社会保险行政部门进行调查核实，应当由两名以上工作人员共同进行，并出示执行公务的证件。

第十一条 社会保险行政部门工作人员在工伤认定中，可以进行以下调查核实工作：

（一）根据工作需要，进入有关单位和事故现场；

（二）依法查阅与工伤认定有关的资料，询问有关人员并作出调查笔录；

（三）记录、录音、录像和复制与工伤认定有关的资料。调查核实工作的证据收集参照行政诉讼证据收集的有关规定执行。

第十二条 社会保险行政部门工作人员进行调查核实时，有关单位和个人应当予以协助。用人单位、工会组织、医疗机构以及有关部门应当负责安排相关人员配合工作，据实提供情况和证明材料。

第十三条 社会保险行政部门在进行工伤认定时，对申请人提供的符合国家有关规定的职业病诊断证明书或者职业病诊断鉴定书，不再进行调查核实。职业病诊断证明书或者职业病诊断鉴定书不符合国家规定的要求和格式的，社会保险行政部门可以要求出具证据部门重新提供。

第十四条 社会保险行政部门受理工伤认定申请后，可以根据工作需要，委托其他统筹地区的社会保险行政部门或者相关部门进行调查核实。

第十五条 社会保险行政部门工作人员进行调查核实时，应当履行下列义务：

（一）保守有关单位商业秘密以及个人隐私；

（二）为提供情况的有关人员保密。

第十六条 社会保险行政部门工作人员与工伤认定申请人有利害关系的，应当回避。

第十七条 职工或者其近亲属认为是工伤，用人单位不认为是工伤的，由该用人单位承担举证责任。用人单位拒不举证的，社会保险行政部门可以根据受伤害职工提供的证据或者调查取得的证据，依法作出工伤认定决定。

第十八条 社会保险行政部门应当自受理工伤认定申请之日起 60 日内作出工伤认定决定，出具《认定工伤决定书》或者《不予认定工伤决定书》。

第十九条 《认定工伤决定书》应当载明下列事项：

（一）用人单位全称；

（二）职工的姓名、性别、年龄、职业、身份证号码；

（三）受伤害部位、事故时间和诊断时间或职业病名称、受伤害经过和核实情况、医疗救治的基本情况和诊断结论；

（四）认定工伤或者视同工伤的依据；

（五）不服认定决定申请行政复议或者提起行政诉讼的部门和时限；

（六）作出认定工伤或者视同工伤决定的时间。

《不予认定工伤决定书》应当载明下列事项：

（一）用人单位全称；

（二）职工的姓名、性别、年龄、职业、身份证号码；

（三）不予认定工伤或者不视同工伤的依据；

（四）不服认定决定申请行政复议或者提起行政诉讼的部门和时限；

（五）作出不予认定工伤或者不视同工伤决定的时间。

《认定工伤决定书》和《不予认定工伤决定书》应当加盖社会保险行政部门工伤认定专用印章。

第二十条 社会保险行政部门受理工伤认定申请后，作出工伤认定决定需要以司法机关或者有关行政主管部门的结论为依据的，在司法机关或者有关行政主管部门尚未作出结论期间，作出工伤认定决定的时限中止，并书面通知申请人。

第二十一条 社会保险行政部门对于事实清楚、权利义务明确的工伤认定申请，应当自受理工伤认定申请之日起 15 日内作出工伤认定决定。

第二十二条 社会保险行政部门应当自工伤认定决定作出之日起 20 日内，将《认定工伤决定书》或者《不予认定工伤决定书》送达受伤害职工（或者其近亲属）和用人单位，并抄送社会保险经办机构。

《认定工伤决定书》和《不予认定工伤决定书》的送达参照民事法律有关送达的规定执行。

第二十三条 职工或者其近亲属、用人单位对不予受理决定不服或者对工伤认定决定不服的，可以依法申请行政复议或者提起行政诉讼。

第二十四条 工伤认定结束后，社会保险行政部门应当将工伤认定的有关资料保存 50 年。

第二十五条 用人单位拒不协助社会保险行政部门对事故伤害进行调查核实的,由社会保险行政部门责令改正,处 2000 元以上 2 万元以下的罚款。

第二十六条 本办法中的《工伤认定申请表》、《工伤认定申请受理决定书》、《工伤认定申请不予受理决定书》、《认定工伤决定书》、《不予认定工伤决定书》的样式由国务院社会保险行政部门统一制定。

第二十七条 本办法自 2011 年 1 月 1 日起施行。劳动和社会保障部 2003 年 9 月 23 日颁布的《工伤认定办法》同时废止。

工伤职工劳动能力鉴定管理办法
(2014 年 4 月 1 日施行)

第一章 总则

第一条 为了加强劳动能力鉴定管理,规范劳动能力鉴定程序,根据《中华人民共和国社会保险法》、《中华人民共和国职业病防治法》和《工伤保险条例》,制定本办法。

第二条 劳动能力鉴定委员会依据《劳动能力鉴定 职工工伤与职业病致残等级》国家标准,对工伤职工劳动功能障碍程度和生活自理障碍程度组织进行技术性等级鉴定,适用本办法。

第三条 省、自治区、直辖市劳动能力鉴定委员会和设区的市级(含直辖市的市辖区、县,下同)劳动能力鉴定委员会分别由省、自治区、直辖市和设区的市级人力资源社会保障行政部门、卫生计生行政部门、工会组织、用人单位代表以及社会保险经办机构代表组成。

承担劳动能力鉴定委员会日常工作的机构,其设置方式由各地根据实际情况决定。

第四条 劳动能力鉴定委员会履行下列职责:

(一)选聘医疗卫生专家,组建医疗卫生专家库,对专家进行培训和管理;

(二)组织劳动能力鉴定;

(三)根据专家组的鉴定意见作出劳动能力鉴定结论;

(四)建立完整的鉴定数据库,保管鉴定工作档案50年;

(五)法律、法规、规章规定的其他职责。

第五条 设区的市级劳动能力鉴定委员会负责本辖区内的劳动能力初次鉴定、复查鉴定。

省、自治区、直辖市劳动能力鉴定委员会负责对初次鉴定或者复查鉴定结论不服提出的再次鉴定。

第六条 劳动能力鉴定相关政策、工作制度和业务流程应当向社会公开。

第二章 鉴定程序

第七条 职工发生工伤,经治疗伤情相对稳定后存在残疾、影响劳动能力的,或者停工留薪期满(含劳动能力鉴定委员会确认的延长期限),工伤职工或者其用人单位应当及时向设区的市级劳动能力鉴定委员会提出劳动能力鉴定申请。

第八条 申请劳动能力鉴定应当填写劳动能力鉴定申请表,并提交下列材料:

(一)《工伤认定决定书》原件和复印件;

(二)有效的诊断证明、按照医疗机构病历管理有关规定复印或者复制的检查、检验报告等完整病历材料;

（三）工伤职工的居民身份证或者社会保障卡等其他有效身份证明原件和复印件；

（四）劳动能力鉴定委员会规定的其他材料。

第九条　劳动能力鉴定委员会收到劳动能力鉴定申请后，应当及时对申请人提交的材料进行审核；申请人提供材料不完整的，劳动能力鉴定委员会应当自收到劳动能力鉴定申请之日起5个工作日内一次性书面告知申请人需要补正的全部材料。

申请人提供材料完整的，劳动能力鉴定委员会应当及时组织鉴定，并在收到劳动能力鉴定申请之日起60日内作出劳动能力鉴定结论。伤情复杂、涉及医疗卫生专业较多的，作出劳动能力鉴定结论的期限可以延长30日。

第十条　劳动能力鉴定委员会应当视伤情程度等从医疗卫生专家库中随机抽取3名或者5名与工伤职工伤情相关科别的专家组成专家组进行鉴定。

第十一条　劳动能力鉴定委员会应当提前通知工伤职工进行鉴定的时间、地点以及应当携带的材料。工伤职工应当按照通知的时间、地点参加现场鉴定。对行动不便的工伤职工，劳动能力鉴定委员会可以组织专家上门进行劳动能力鉴定。组织劳动能力鉴定的工作人员应当对工伤职工的身份进行核实。工伤职工因故不能按时参加鉴定的，经劳动能力鉴定委员会同意，可以调整现场鉴定的时间，作出劳动能力鉴定结论的期限相应顺延。

第十二条　因鉴定工作需要，专家组提出应当进行有关检查和诊断的，劳动能力鉴定委员会可以委托具备资格的医疗机构协助进行有关的检查和诊断。

第十三条　专家组根据工伤职工伤情，结合医疗诊断情况，依据《劳动能力鉴定 职工工伤与职业病致残等级》国家标准提出鉴定意见。参加鉴定的专家都应当签署意见并签名。

专家意见不一致时,按照少数服从多数的原则确定专家组的鉴定意见。

第十四条 劳动能力鉴定委员会根据专家组的鉴定意见作出劳动能力鉴定结论。劳动能力鉴定结论书应当载明下列事项:

(一)工伤职工及其用人单位的基本信息;

(二)伤情介绍,包括伤残部位、器官功能障碍程度、诊断情况等;

(三)作出鉴定的依据;

(四)鉴定结论。

第十五条 劳动能力鉴定委员会应当自作出鉴定结论之日起 20 日内将劳动能力鉴定结论及时送达工伤职工及其用人单位,并抄送社会保险经办机构。

第十六条 工伤职工或者其用人单位对初次鉴定结论不服的,可以在收到该鉴定结论之日起 15 日内向省、自治区、直辖市劳动能力鉴定委员会申请再次鉴定。

申请再次鉴定,除提供本办法第八条规定的材料外,还需提交劳动能力初次鉴定结论原件和复印件。

省、自治区、直辖市劳动能力鉴定委员会作出的劳动能力鉴定结论为最终结论。

第十七条 自劳动能力鉴定结论作出之日起 1 年后,工伤职工、用人单位或者社会保险经办机构认为伤残情况发生变化的,可以向设区的市级劳动能力鉴定委员会申请劳动能力复查鉴定。

对复查鉴定结论不服的,可以按照本办法第十六条规定申请再次鉴定。

第十八条 工伤职工本人因身体等原因无法提出劳动能力初次鉴定、复查鉴定、再次鉴定申请的,可由其近亲属代为提出。

第十九条 再次鉴定和复查鉴定的程序、期限等按照本办法第九条至第十五条的规定执行。

第三章 监督管理

第二十条 劳动能力鉴定委员会应当每 3 年对专家库进行一次调整和补充,实行动态管理。确有需要的,可以根据实际情况适时调整。

第二十一条 劳动能力鉴定委员会选聘医疗卫生专家,聘期一般为 3 年,可以连续聘任。

聘任的专家应当具备下列条件:

(一)具有医疗卫生高级专业技术职务任职资格;

(二)掌握劳动能力鉴定的相关知识;

(三)具有良好的职业品德。

第二十二条 参加劳动能力鉴定的专家应当按照规定的时间、地点进行现场鉴定,严格执行劳动能力鉴定政策和标准,客观、公正地提出鉴定意见。

第二十三条 用人单位、工伤职工或者其近亲属应当如实提供鉴定需要的材料,遵守劳动能力鉴定相关规定,按照要求配合劳动能力鉴定工作。

工伤职工有下列情形之一的,当次鉴定终止:

(一)无正当理由不参加现场鉴定的;

(二)拒不参加劳动能力鉴定委员会安排的检查和诊断的。

第二十四条 医疗机构及其医务人员应当如实出具与劳动能力鉴定有关的各项诊断证明和病历材料。

第二十五条　劳动能力鉴定委员会组成人员、劳动能力鉴定工作人员以及参加鉴定的专家与当事人有利害关系的，应当回避。

第二十六条　任何组织或者个人有权对劳动能力鉴定中的违法行为进行举报、投诉。

第四章　法律责任

第二十七条　劳动能力鉴定委员会和承担劳动能力鉴定委员会日常工作的机构及其工作人员在从事或者组织劳动能力鉴定时，有下列行为之一的，由人力资源社会保障行政部门或者有关部门责令改正，对直接负责的主管人员和其他直接责任人员依法给予相应处分；构成犯罪的，依法追究刑事责任：

（一）未及时审核并书面告知申请人需要补正的全部材料的；

（二）未在规定期限内作出劳动能力鉴定结论的；

（三）未按照规定及时送达劳动能力鉴定结论的；

（四）未按照规定随机抽取相关科别专家进行鉴定的；

（五）擅自篡改劳动能力鉴定委员会作出的鉴定结论的；

（六）利用职务之便非法收受当事人财物的；

（七）有违反法律法规和本办法的其他行为的。

第二十八条　从事劳动能力鉴定的专家有下列行为之一的，劳动能力鉴定委员会应当予以解聘；情节严重的，由卫生计生行政部门依法处理：

（一）提供虚假鉴定意见的；

（二）利用职务之便非法收受当事人财物的；

（三）无正当理由不履行职责的；

（四）有违反法律法规和本办法的其他行为的。

第二十九条 参与工伤救治、检查、诊断等活动的医疗机构及其医务人员有下列情形之一的，由卫生计生行政部门依法处理：

（一）提供与病情不符的虚假诊断证明的；

（二）篡改、伪造、隐匿、销毁病历材料的；

（三）无正当理由不履行职责的。

第三十条 以欺诈、伪造证明材料或者其他手段骗取鉴定结论、领取工伤保险待遇的，按照《中华人民共和国社会保险法》第八十八条的规定，由人力资源社会保障行政部门责令退回骗取的社会保险金，处骗取金额2倍以上5倍以下的罚款。

第五章 附则

第三十一条 未参加工伤保险的公务员和参照公务员法管理的事业单位、社会团体工作人员因工（公）致残的劳动能力鉴定，参照本办法执行。

第三十二条 本办法中的劳动能力鉴定申请表、初次（复查）鉴定结论书、再次鉴定结论书、劳动能力鉴定材料收讫补正告知书等文书基本样式由人力资源社会保障部制定。

第三十三条 本办法自2014年4月1日起施行。

附件：1. 劳动能力鉴定申请表

2. 初次（复查）鉴定结论书

3. 再次鉴定结论书

4. 劳动能力鉴定材料收讫补正告知书

（附件略）

因工死亡职工供养亲属范围规定

（2014 年 4 月 1 日施行）

第一条 为明确因工死亡职工供养亲属范围,根据《工伤保险条例》第三十七条第一款第二项的授权,制定本规定。

第二条 本规定所称因工死亡职工供养亲属,是指该职工的配偶、子女、父母、祖父母、外祖父母、孙子女、外孙子女、兄弟姐妹。

本规定所称子女,包括婚生子女、非婚生子女、养子女和有抚养关系的继子女,其中,婚生子女、非婚生子女包括遗腹子女;

本规定所称父母,包括生父母、养父母和有抚养关系的继父母;

本规定所称兄弟姐妹,包括同父母的兄弟姐妹、同父异母或者同母异父的兄弟姐妹、养兄弟姐妹、有抚养关系的继兄弟姐妹。

第三条 上条规定的人员,依靠因工死亡职工生前提供主要生活来源,并有下列情形之一的,可按规定申请供养亲属抚恤金:

（一）完全丧失劳动能力的;

（二）工亡职工配偶男年满 60 周岁、女年满 55 周岁的;

（三）工亡职工父母男年满 60 周岁、女年满 55 周岁的;

（四）工亡职工子女未满 18 周岁的;

（五）工亡职工父母均已死亡,其祖父、外祖父年满 60 周岁,祖母、外祖母年满 55 周岁的;

（六）工亡职工子女已经死亡或完全丧失劳动能力,其孙子女、外孙子女未满 18 周岁的;

（七）工亡职工父母均已死亡或完全丧失劳动能力,其兄弟姐妹未满 18 周岁的。

第四条 领取抚恤金人员有下列情形之一的,停止享受抚恤金待遇:

(一)年满 18 周岁且未完全丧失劳动能力的;

(二)就业或参军的;

(三)工亡职工配偶再婚的;

(四)被他人或组织收养的;

(五)死亡的。

第五条 领取抚恤金的人员,在被判刑收监执行期间,停止享受抚恤金待遇。刑满释放仍符合领取抚恤金资格的,按规定的标准享受抚恤金。

第六条 因工死亡职工供养亲属享受抚恤金待遇的资格,由统筹地区社会保险经办机构核定。

因工死亡职工供养亲属的劳动能力鉴定,由因工死亡职工生前单位所在地设区的市级劳动能力鉴定委员会负责。

第七条 本办法自 2004 年 1 月 1 日起施行。

最高人民法院关于审理工伤保险行政案件若干问题的规定

(2014 年 9 月 1 日施行)

为正确审理工伤保险行政案件,根据《中华人民共和国社会保险法》《中华人民共和国劳动法》《中华人民共和国行政诉讼法》《工伤保险条例》及其他有关法律、行政法规规定,结合行政审判实际,制定本规定。

第一条 人民法院审理工伤认定行政案件,在认定是否存在《工伤保险条例》第十四条第(六)项"本人主要责任"、第十六条第

（二）项"醉酒或者吸毒"和第十六条第（三）项"自残或者自杀"等情形时，应当以有权机构出具的事故责任认定书、结论性意见和人民法院生效裁判等法律文书为依据，但有相反证据足以推翻事故责任认定书和结论性意见的除外。

前述法律文书不存在或者内容不明确，社会保险行政部门就前款事实作出认定的，人民法院应当结合其提供的相关证据依法进行审查。

《工伤保险条例》第十六条第（一）项"故意犯罪"的认定，应当以刑事侦查机关、检察机关和审判机关的生效法律文书或者结论性意见为依据。

第二条　人民法院受理工伤认定行政案件后，发现原告或者第三人在提起行政诉讼前已经就是否存在劳动关系申请劳动仲裁或者提起民事诉讼的，应当中止行政案件的审理。

第三条　社会保险行政部门认定下列单位为承担工伤保险责任单位的，人民法院应予支持：

（一）职工与两个或两个以上单位建立劳动关系，工伤事故发生时，职工为之工作的单位为承担工伤保险责任的单位；

（二）劳务派遣单位派遣的职工在用工单位工作期间因工伤亡的，派遣单位为承担工伤保险责任的单位；

（三）单位指派到其他单位工作的职工因工伤亡的，指派单位为承担工伤保险责任的单位；

（四）用工单位违反法律、法规规定将承包业务转包给不具备用工主体资格的组织或者自然人，该组织或者自然人聘用的职工从事承包业务时因工伤亡的，用工单位为承担工伤保险责任的单位；

（五）个人挂靠其他单位对外经营，其聘用的人员因工伤亡的,被挂靠单位为承担工伤保险责任的单位。

前款第(四)、(五)项明确的承担工伤保险责任的单位承担赔偿责任或者社会保险经办机构从工伤保险基金支付工伤保险待遇后,有权向相关组织、单位和个人追偿。

第四条　社会保险行政部门认定下列情形为工伤的,人民法院应予支持:

(一)职工在工作时间和工作场所内受到伤害,用人单位或者社会保险行政部门没有证据证明是非工作原因导致的;

(二)职工参加用人单位组织或者受用人单位指派参加其他单位组织的活动受到伤害的;

(三)在工作时间内,职工来往于多个与其工作职责相关的工作场所之间的合理区域因工受到伤害的;

(四)其他与履行工作职责相关,在工作时间及合理区域内受到伤害的。

第五条　社会保险行政部门认定下列情形为"因工外出期间"的,人民法院应予支持:

(一)职工受用人单位指派或者因工作需要在工作场所以外从事与工作职责有关的活动期间;

(二)职工受用人单位指派外出学习或者开会期间;

(三)职工因工作需要的其他外出活动期间。

职工因工外出期间从事与工作或者受用人单位指派外出学习、开会无关的个人活动受到伤害,社会保险行政部门不认定为工伤的,人民法院应予支持。

第六条　对社会保险行政部门认定下列情形为"上下班途中"的,人民法院应予支持:

(一)在合理时间内往返于工作地与住所地、经常居住地、单位宿舍的合理路线的上下班途中；

（二）在合理时间内往返于工作地与配偶、父母、子女居住地的合理路线的上下班途中；

（三）从事属于日常工作生活所需要的活动，且在合理时间和合理路线的上下班途中；

（四）在合理时间内其他合理路线的上下班途中。

第七条 由于不属于职工或者其近亲属自身原因超过工伤认定申请期限的，被耽误的时间不计算在工伤认定申请期限内。

有下列情形之一耽误申请时间的，应当认定为不属于职工或者其近亲属自身原因：

（一）不可抗力；

（二）人身自由受到限制；

（三）属于用人单位原因；

（四）社会保险行政部门登记制度不完善；

（五）当事人对是否存在劳动关系申请仲裁、提起民事诉讼。

第八条 职工因第三人的原因受到伤害，社会保险行政部门以职工或者其近亲属已经对第三人提起民事诉讼或者获得民事赔偿为由，作出不予受理工伤认定申请或者不予认定工伤决定的，人民法院不予支持。

职工因第三人的原因受到伤害，社会保险行政部门已经作出工伤认定，职工或者其近亲属未对第三人提起民事诉讼或者尚未获得民事赔偿，起诉要求社会保险经办机构支付工伤保险待遇的，人民法院应予支持。

职工因第三人的原因导致工伤，社会保险经办机构以职工或者其近亲属已经对第三人提起民事诉讼为由，拒绝支付工伤保险待遇的，人民法院不予支持，但第三人已经支付的医疗费用除外。

第九条 因工伤认定申请人或者用人单位隐瞒有关情况或者提供虚假材料,导致工伤认定错误的,社会保险行政部门可以在诉讼中依法予以更正。

工伤认定依法更正后,原告不申请撤诉,社会保险行政部门在作出原工伤认定时有过错的,人民法院应当判决确认违法;社会保险行政部门无过错的,人民法院可以驳回原告诉讼请求。

第十条 最高人民法院以前颁布的司法解释与本规定不一致的,以本规定为准。

工伤保险辅助器具配置管理办法
(2016 年 4 月 1 日施行)

第一章 总则

第一条 为了规范工伤保险辅助器具配置管理,维护工伤职工的合法权益,根据《工伤保险条例》,制定本办法。

第二条 工伤职工因日常生活或者就业需要,经劳动能力鉴定委员会确认,配置假肢、矫形器、假眼、假牙和轮椅等辅助器具的,适用本办法。

第三条 人力资源社会保障行政部门负责工伤保险辅助器具配置的监督管理工作。民政、卫生计生等行政部门在各自职责范围内负责工伤保险辅助器具配置的有关监督管理工作。

社会保险经办机构(以下称经办机构)负责对申请承担工伤保险辅助器具配置服务的辅助器具装配机构和医疗机构(以下称工伤保险辅助器具配置机构)进行协议管理,并按照规定核付配置费用。

第四条 设区的市级(含直辖市的市辖区、县)劳动能力鉴定委员会(以下称劳动能力鉴定委员会)负责工伤保险辅助器具配置的确认工作。

第五条 省、自治区、直辖市人力资源社会保障行政部门负责制定工伤保险辅助器具配置机构评估确定办法。

经办机构按照评估确定办法,与工伤保险辅助器具配置机构签订服务协议,并向社会公布签订服务协议的工伤保险辅助器具配置机构(以下称协议机构)名单。

第六条 人力资源社会保障部根据社会经济发展水平、工伤职工日常生活和就业需要等,组织制定国家工伤保险辅助器具配置目录,确定配置项目、适用范围、最低使用年限等内容,并适时调整。

省、自治区、直辖市人力资源社会保障行政部门可以结合本地区实际,在国家目录确定的配置项目基础上,制定省级工伤保险辅助器具配置目录,适当增加辅助器具配置项目,并确定本地区辅助器具配置最高支付限额等具体标准。

第二章 确认与配置程序

第七条 工伤职工认为需要配置辅助器具的,可以向劳动能力鉴定委员会提出辅助器具配置确认申请,并提交下列材料:

(一)《工伤认定决定书》原件和复印件,或者其他确认工伤的文件;

(二)居民身份证或者社会保障卡等有效身份证明原件和复印件;

(三)有效的诊断证明、按照医疗机构病历管理有关规定复印或者复制的检查、检验报告等完整病历材料。

工伤职工本人因身体等原因无法提出申请的，可由其近亲属或者用人单位代为申请。

第八条　劳动能力鉴定委员会收到辅助器具配置确认申请后，应当及时审核；材料不完整的，应当自收到申请之日起 5 个工作日内一次性书面告知申请人需要补正的全部材料；材料完整的，应当在收到申请之日起 60 日内作出确认结论。伤情复杂、涉及医疗卫生专业较多的，作出确认结论的期限可以延长 30 日。

第九条　劳动能力鉴定委员会专家库应当配备辅助器具配置专家，从事辅助器具配置确认工作。

劳动能力鉴定委员会应当根据配置确认申请材料，从专家库中随机抽取 3 名或者 5 名专家组成专家组，对工伤职工本人进行现场配置确认。专家组中至少包括 1 名辅助器具配置专家、2 名与工伤职工伤情相关的专家。

第十条　专家组根据工伤职工伤情，依据工伤保险辅助器具配置目录有关规定，提出是否予以配置的确认意见。专家意见不一致时，按照少数服从多数的原则确定专家组的意见。

劳动能力鉴定委员会根据专家组确认意见作出配置辅助器具确认结论。其中，确认予以配置的，应当载明确认配置的理由、依据和辅助器具名称等信息；确认不予配置的，应当说明不予配置的理由。

第十一条　劳动能力鉴定委员会应当自作出确认结论之日起 20 日内将确认结论送达工伤职工及其用人单位，并抄送经办机构。

第十二条　工伤职工收到予以配置的确认结论后，及时向经办机构进行登记，经办机构向工伤职工出具配置费用核付通知单，并告知下列事项：

（一）工伤职工应当到协议机构进行配置；

（二）确认配置的辅助器具最高支付限额和最低使用年限；

（三）工伤职工配置辅助器具超目录或者超出限额部分的费用，工伤保险基金不予支付。

第十三条 工伤职工可以持配置费用核付通知单，选择协议机构配置辅助器具。

协议机构应当根据与经办机构签订的服务协议，为工伤职工提供配置服务，并如实记录工伤职工信息、配置器具产品信息、最高支付限额、最低使用年限以及实际配置费用等配置服务事项。

前款规定的配置服务记录经工伤职工签字后，分别由工伤职工和协议机构留存。

第十四条 协议机构或者工伤职工与经办机构结算配置费用时，应当出具配置服务记录。经办机构核查后，应当按照工伤保险辅助器具配置目录有关规定及时支付费用。

第十五条 工伤职工配置辅助器具的费用包括安装、维修、训练等费用，按照规定由工伤保险基金支付。

经经办机构同意，工伤职工到统筹地区以外的协议机构配置辅助器具发生的交通、食宿费用，可以按照统筹地区人力资源社会保障行政部门的规定，由工伤保险基金支付。

第十六条 辅助器具达到规定的最低使用年限的，工伤职工可以按照统筹地区人力资源社会保障行政部门的规定申请更换。

工伤职工因伤情发生变化，需要更换主要部件或者配置新的辅助器具的，经向劳动能力鉴定委员会重新提出确认申请并经确认后，由工伤保险基金支付配置费用。

第三章 管理与监督

第十七条 辅助器具配置专家应当具备下列条件之一：

（一）具有医疗卫生中高级专业技术职务任职资格；

（二）具有假肢师或者矫形器师职业资格；

（三）从事辅助器具配置专业技术工作 5 年以上。

辅助器具配置专家应当具有良好的职业品德。

第十八条　工伤保险辅助器具配置机构的具体条件，由省、自治区、直辖市人力资源社会保障行政部门会同民政、卫生计生行政部门规定。

第十九条　经办机构与工伤保险辅助器具配置机构签订的服务协议，应当包括下列内容：

（一）经办机构与协议机构名称、法定代表人或者主要负责人等基本信息；

（二）服务协议期限；

（三）配置服务内容；

（四）配置费用结算；

（五）配置管理要求；

（六）违约责任及争议处理；

（七）法律、法规规定应当纳入服务协议的其他事项。

第二十条　配置的辅助器具应当符合相关国家标准或者行业标准。统一规格的产品或者材料等辅助器具在装配前应当由国家授权的产品质量检测机构出具质量检测报告，标注生产厂家、产品品牌、型号、材料、功能、出品日期、使用期和保修期等事项。

第二十一条　协议机构应当建立工伤职工配置服务档案，并至少保存至服务期限结束之日起两年。经办机构可以对配置服务档案进行抽查，并作为结算配置费用的依据之一。

第二十二条　经办机构应当建立辅助器具配置工作回访制

度,对辅助器具装配的质量和服务进行跟踪检查,并将检查结果作为对协议机构的评价依据。

第二十三条 工伤保险辅助器具配置机构违反国家规定的辅助器具配置管理服务标准,侵害工伤职工合法权益的,由民政、卫生计生行政部门在各自监管职责范围内依法处理。

第二十四条 有下列情形之一的,经办机构不予支付配置费用:

(一)未经劳动能力鉴定委员会确认,自行配置辅助器具的;

(二)在非协议机构配置辅助器具的;

(三)配置辅助器具超目录或者超出限额部分的;

(四)违反规定更换辅助器具的。

第二十五条 工伤职工或者其近亲属认为经办机构未依法支付辅助器具配置费用,或者协议机构认为经办机构未履行有关协议的,可以依法申请行政复议或者提起行政诉讼。

第四章 法律责任

第二十六条 经办机构在协议机构管理和核付配置费用过程中收受当事人财物的,由人力资源社会保障行政部门责令改正,对直接负责的主管人员和其他直接责任人员依法给予处分;情节严重,构成犯罪的,依法追究刑事责任。

第二十七条 从事工伤保险辅助器具配置确认工作的组织或者个人有下列情形之一的,由人力资源社会保障行政部门责令改正,处 2000 元以上 1 万元以下的罚款;情节严重,构成犯罪的,依法追究刑事责任:

(一)提供虚假确认意见的;

(二)提供虚假诊断证明或者病历的;

（三）收受当事人财物的。

第二十八条　协议机构不按照服务协议提供服务的，经办机构可以解除服务协议，并按照服务协议追究相应责任。

经办机构不按时足额结算配置费用的，由人力资源社会保障行政部门责令改正；协议机构可以解除服务协议。

第二十九条　用人单位、工伤职工或者其近亲属骗取工伤保险待遇，辅助器具装配机构、医疗机构骗取工伤保险基金支出的，按照《工伤保险条例》第六十条的规定，由人力资源社会保障行政部门责令退还，处骗取金额 2 倍以上 5 倍以下的罚款；情节严重，构成犯罪的，依法追究刑事责任。

第五章　附则

第三十条　用人单位未依法参加工伤保险，工伤职工需要配置辅助器具的，按照本办法的相关规定执行，并由用人单位支付配置费用。

第三十一条　本办法自 2016 年 4 月 1 日起施行。

工伤预防费使用管理暂行办法
人社部规〔2017〕13 号

第一条　为更好地保障职工的生命安全和健康，促进用人单位做好工伤预防工作，降低工伤事故伤害和职业病的发生率，规范工伤预防费的使用和管理，根据社会保险法、《工伤保险条例》及相关规定，制定本办法。

第二条　本办法所称工伤预防费是指统筹地区工伤保险基金中依法用于开展工伤预防工作的费用。

第三条 工伤预防费使用管理工作由统筹地区人力资源社会保障行政部门会同财政、卫生计生、安全监管行政部门按照各自职责做好相关工作。

第四条 工伤预防费用于下列项目的支出：

（一）工伤事故和职业病预防宣传；

（二）工伤事故和职业病预防培训。

第五条 在保证工伤保险待遇支付能力和储备金留存的前提下，工伤预防费的使用原则上不得超过统筹地区上年度工伤保险基金征缴收入的3％。因工伤预防工作需要，经省级人力资源社会保障部门和财政部门同意，可以适当提高工伤预防费的使用比例。

第六条 工伤预防费使用实行预算管理。统筹地区社会保险经办机构按照上年度预算执行情况，根据工伤预防工作需要，将工伤预防费列入下一年度工伤保险基金支出预算。具体预算编制按照预算法和社会保险基金预算有关规定执行。

第七条 统筹地区人力资源社会保障部门应会同财政、卫生计生、安全监管部门以及本辖区内负有安全生产监督管理职责的部门，根据工伤事故伤害、职业病高发的行业、企业、工种、岗位等情况，统筹确定工伤预防的重点领域，并通过适当方式告知社会。

第八条 统筹地区行业协会和大中型企业等社会组织根据本地区确定的工伤预防重点领域，于每年工伤保险基金预算编制前提出下一年拟开展的工伤预防项目，编制项目实施方案和绩效目标，向统筹地区的人力资源社会保障行政部门申报。

第九条 统筹地区人力资源社会保障部门会同财政、卫生计生、安全监管等部门，根据项目申报情况，结合本地区工伤预防重点领域和工伤保险等工作重点，以及下一年工伤预防费预算编制情况,统筹考虑工伤预防项目的轻重缓急,于每年 10 月底前确定纳入下一年度的工伤预防项目并向社会公开。

列入计划的工伤预防项目实施周期最长不超过 2 年。

第十条 纳入年度计划的工伤预防实施项目,原则上由提出项目的行业协会和大中型企业等社会组织负责组织实施。

行业协会和大中型企业等社会组织根据项目实际情况,可直接实施或委托第三方机构实施。直接实施的,应当与社会保险经办机构签订服务协议。委托第三方机构实施的,应当参照政府采购法和招投标法规定的程序,选择具备相应条件的社会、经济组织以及医疗卫生机构提供工伤预防服务,并与其签订服务合同,明确双方的权利义务。服务协议、服务合同应报统筹地区人力资源社会保障部门备案。

面向社会和中小微企业的工伤预防项目,可由人力资源社会保障、卫生计生、安全监管部门参照政府采购法等相关规定,从具备相应条件的社会、经济组织以及医疗卫生机构中选择提供工伤预防服务的机构,推动组织项目实施。

参照政府采购法实施的工伤预防项目,其费用低于采购限额标准的,可协议确定服务机构。具体办法由人力资源社会保障部门会同有关部门确定。

第十一条 提供工伤预防服务的机构应遵守社会保险法、《工伤保险条例》以及相关法律法规的规定,并具备以下基本条件:

(一)具备相应条件,且从事相关宣传、培训业务二年以上并具有良好市场信誉;

(二)具备相应的实施工伤预防项目的专业人员;

(三)有相应的硬件设施和技术手段;

（四）依法应具备的其他条件。

第十二条 对确定实施的工伤预防项目,统筹地区社会保险经办机构可以根据服务协议或者服务合同的约定,向具体实施工伤预防项目的组织支付 30％—70％预付款。

项目实施过程中,提出项目的单位应及时跟踪项目实施进展情况,保证项目有效进行。

对于行业协会和大中型企业等社会组织直接实施的项目,由人力资源社会保障部门组织第三方中介机构或聘请相关专家对项目实施情况和绩效目标实现情况进行评估验收,形成评估验收报告;对于委托第三方机构实施的,由提出项目的单位或部门通过适当方式组织评估验收,评估验收报告报人力资源社会保障部门备案。评估验收报告作为开展下一年度项目重要依据。

评估验收合格后,由社会保险经办机构支付余款。具体程序按社会保险基金财务制度、工伤保险业务经办管理等规定执行。

第十三条 社会保险经办机构要定期向社会公布工伤预防项目实施情况和工伤预防费使用情况,接受参保单位和社会各界的监督。

第十四条 工伤预防费按本办法规定使用,违反本办法规定使用的,对相关责任人参照社会保险法、《工伤保险条例》等法律法规的规定处理。

第十五条 工伤预防服务机构提供的服务不符合法律和合同规定、服务质量不高的,三年内不得从事工伤预防项目。

工伤预防服务机构存在欺诈、骗取工伤保险基金行为的,按照有关法律法规等规定进行处理。

第十六条 统筹地区人力资源社会保障、卫生计生、安全监管等部门应分别对工作场所工伤发生情况、职业病报告情况和安全事故情况进行分析,定期相互通报基本情况。

第十七条　各省、自治区、直辖市人力资源社会保障行政部门可以结合本地区实际,会同财政、卫生计生和安全监管等行政部门制定具体实施办法。

第十八条　企业规模的划分标准按照工业和信息化部、国家统计局、国家发展改革委、财政部《关于印发中小企业划型标准规定的通知》(工信部联企业〔2011〕300 号)执行。

第十九条　本办法自 2017 年 9 月 1 日起施行。

人力资源社会保障部、财政部
关于调整工伤保险费率政策的通知
人社部发〔2015〕71 号

各省、自治区、直辖市人力资源社会保障厅(局)、财政厅(局),新疆生产建设兵团人力资源社会保障局、财务局:

按照党的十八届三中全会提出的"适时适当降低社会保险费率"的精神,为更好贯彻社会保险法、《工伤保险条例》,使工伤保险费率政策更加科学、合理,适应经济社会发展的需要,经国务院批准,自 2015 年 10 月 1 日起,调整现行工伤保险费率政策。现将有关事项通知如下:

一、关于行业工伤风险类别划分

按照《国民经济行业分类》(GB/T 4754—2011)对行业的划分,根据不同行业的工伤风险程度,由低到高,依次将行业工伤风险类别划分为一类至八类(见附件)。

二、关于行业差别费率及其档次确定

不同工伤风险类别的行业执行不同的工伤保险行业基准费率。各行业工伤风险类别对应的全国工伤保险行业基准费率为,一类至八类分别控制在该行业用人单位职工工资总额的 0.2%、0.4%、0.7%、0.9%、1.1%、1.3%、1.6%、1.9%左右。

通过费率浮动的办法确定每个行业内的费率档次。一类行业分为三个档次,即在基准费率的基础上,可向上浮动至 120%、150%,二类至八类行业分为五个档次,即在基准费率的基础上,可分别向上浮动至 120%、150%或向下浮动至 80%、50%。

各统筹地区人力资源社会保障部门要会同财政部门,按照"以支定收、收支平衡"的原则,合理确定本地区工伤保险行业基准费率具体标准,并征求工会组织、用人单位代表的意见,报统筹地区人民政府批准后实施。基准费率的具体标准可根据统筹地区经济产业结构变动、工伤保险费使用等情况适时调整。

三、关于单位费率的确定与浮动

统筹地区社会保险经办机构根据用人单位工伤保险费使用、工伤发生率、职业病危害程度等因素,确定其工伤保险费率,并可依据上述因素变化情况,每一至三年确定其在所属行业不同费率档次间是否浮动。对符合浮动条件的用人单位,每次可上下浮动一档或两档。统筹地区工伤保险最低费率不低于本地区一类风险行业基准费率。费率浮动的具体办法由统筹地区人力资源社会保障部门商财政部门制定,并征求工会组织、用人单位代表的意见。

四、关于费率报备制度

各统筹地区确定的工伤保险行业基准费率具体标准、费率浮动具体办法,应报省级人力资源社会保障部门和财政部门备案并接受指导。省级人力资源社会保障部门、财政部门应每年将各统筹地区工伤保险行业基准费率标准确定和变化以及浮动费率实施情况汇总报人力资源社会保障部、财政部。

人力资源社会保障部

财政部

2015 年 7 月 22 日

附件:工伤保险行业风险分类表(略)

江苏省实施《工伤保险条例》办法

(2015 年 6 月 1 日施行)

第一条 为了保障因工作遭受事故伤害或者患职业病的职工获得医疗救治和经济补偿,促进工伤预防和工伤康复,分散用人单位的工伤风险,根据《中华人民共和国社会保险法》、国务院《工伤保险条例》(以下称《条例》),结合本省实际,制定本办法。

第二条 本省行政区域内的国家机关、企业、事业单位、社会团体、民办非企业单位、基金会、律师事务所、会计师事务所等组织和有雇工的个体工商户(以下称用人单位)及其职工或者雇工(以下称职工),适用本办法。

第三条 县级以上地方人民政府社会保险行政部门负责本行政区域内的工伤保险工作。

社会保险经办机构（以下称经办机构）具体承办工伤保险事务。

第四条 用人单位应当为本单位全部职工缴纳工伤保险费。用人单位缴纳工伤保险费的基数，按照本单位缴纳基本医疗保险费的基数确定。

第五条 工伤保险费根据以支定收、收支平衡的原则，确定费率。统筹地区社会保险行政部门根据国家工伤保险费率管理有关规定制定费率浮动办法。统筹地区经办机构根据用人单位工伤保险费使用、工伤发生率等情况，适用所属行业内相应的费率档次确定单位缴费费率。

第六条 工伤保险费的征缴，按照《中华人民共和国社会保险法》《社会保险费征缴暂行条例》和《江苏省社会保险费征缴条例》有关规定执行。

用人单位办理缴纳工伤保险费申报手续时，应当提交参保职工名单，由经办机构核实后留存。

第七条 社会保险行政部门、经办机构、劳动能力鉴定委员会以及安全生产监督管理部门应当加强信息网络建设，实现资源共享，信息互通，建立全省统一规范的工伤保险信息管理系统。

第八条 工伤保险经办经费和工伤认定所需的业务经费列入同级财政年度部门预算。

第九条 工伤保险基金逐步实行省级统筹。

第十条 工伤保险基金存入社会保障基金财政专户，实行收支两条线管理，用于《条例》及本办法规定的工伤保险待遇、劳动能力鉴定、工伤预防、工伤康复费用，以及法律、法规规定的用于工伤保险的其他费用的支付。

工伤预防费用的提取比例、使用和管理，按照国家有关规定执行。

第十一条　工伤保险基金实行储备金制度。统筹地区应当按月将已征收的工伤保险费总额的 20％转为储备金。储备金达到上一年度各项工伤保险费用的支付总额时不再提取。工伤保险基金有结余的,储备金先从结余中提取,不足部分按照规定从当年征收的工伤保险费中转入。

储备金用于支付重大伤亡事故的工伤保险待遇,以及工伤保险基金当年收不抵支的部分。储备金不足支付的,由统筹地区人民政府垫付。动用储备金应当经统筹地区人民政府同意,报上一级社会保险行政部门备案。

第十二条　用人单位应当在法律、法规规定的时限内向所在地设区的市人民政府确定的社会保险行政部门提出工伤认定申请。用人单位未按照规定提出工伤认定申请的,受伤害或者患职业病的职工或者其近亲属、工会组织可以自事故伤害发生之日或者被诊断、鉴定为职业病之日起 1 年内,直接向用人单位所在地设区的市人民政府确定的社会保险行政部门提出工伤认定申请。

第十三条　有下列情形之一的,社会保险行政部门应当不予受理工伤认定申请:

（一）申请人不具备申请资格的;

（二）工伤认定申请超过规定时限且无法定理由的;

（三）没有工伤认定管辖权的;

（四）法律、法规、规章规定的不予受理的其他情形。

第十四条　社会保险行政部门收到工伤认定申请后,应当在 15 日内对申请人提交的材料进行审核,材料完整的,作出受理或者不予受理的决定;材料不完整的,应当以书面形式一次性告知申请人需要补正的全部材料。

社会保险行政部门决定受理的,应当出具《工伤认定申请受理决定书》;决定不予受理的,应当出具《工伤认定申请不予受理决定书》。

第十五条 社会保险行政部门受理工伤认定申请后,可以要求用人单位、职工或者其近亲属提交有关证据材料。用人单位、职工或者其近亲属应当配合社会保险行政部门调查核实取证,并提供有关证据材料。

职工或者其近亲属、工会组织认为是工伤,用人单位不认为是工伤的,社会保险行政部门应当书面通知用人单位举证。用人单位无正当理由在规定时限内不提供证据的,社会保险行政部门可以根据职工或者其近亲属、工会组织以及相关部门提供的证据,或者调查核实取得的证据,依法作出工伤认定决定。

第十六条 社会保险行政部门受理工伤认定申请后,有下列情形之一的,可以中止工伤认定:

(一) 需要以司法机关、劳动人事争议仲裁委员会、有关行政主管部门或者相关机构的结论为依据,而司法机关、劳动人事争议仲裁委员会、有关行政主管部门或者相关机构尚未作出结论的;

(二) 由于不可抗力导致工伤认定难以进行的;

(三) 法律、法规、规章规定需要中止的其他情形。

中止工伤认定,应当向申请工伤认定的职工或者其近亲属、工会组织和该职工所在单位送达《工伤认定中止通知书》。中止情形消失的,应当恢复工伤认定程序。中止工伤认定的时间不计入工伤认定期限。

第十七条 社会保险行政部门受理工伤认定申请后,有下列情形之一的,应当终止工伤认定:

（一）不符合受理条件的；

（二）申请人撤回工伤认定申请的；

（三）法律、法规、规章规定的可以终止的其他情形。

终止工伤认定,应当向申请工伤认定的职工或者其近亲属、工会组织和该职工所在单位送达《工伤认定终止通知书》。

因申请人撤回工伤认定申请终止工伤认定的,在法定时限内,申请人可以再次申请工伤认定。

第十八条 社会保险行政部门作出工伤认定申请不予受理决定、终止工伤认定决定的,应当书面告知申请人享有依法申请行政复议或者提起行政诉讼的权利。

第十九条 省劳动能力鉴定委员会和设区的市劳动能力鉴定委员会分别由省和设区的市社会保险行政部门、卫生计生行政部门、工会组织、经办机构代表以及用人单位代表组成。

劳动能力鉴定委员会应当建立医疗卫生专家库,专家选任办法由省劳动能力鉴定委员会制定。

第二十条 工伤职工经治疗或者康复,伤情相对稳定后存在残疾、影响劳动能力,或者停工留薪期满的,用人单位、工伤职工或者其近亲属应当及时向设区的市劳动能力鉴定委员会提出劳动能力鉴定申请,并按照规定提交有关资料。

第二十一条 劳动能力鉴定费以及鉴定过程中符合工伤保险有关规定的医疗检查费,工伤职工参加工伤保险的,由工伤保险基金支付;工伤职工未参加工伤保险的,由用人单位支付。

第二十二条 职工因工作遭受事故伤害或者患职业病时,用人单位应当采取措施使受伤害或者患职业病的职工得到及时救治。

第二十三条 达到国家工伤康复定点机构标准的医疗或者

康复机构,可以与统筹地区经办机构签订工伤康复服务协议,提供工伤康复服务。

第二十四条 工伤职工经社会保险行政部门组织劳动能力鉴定专家或者工伤康复专家确认具有康复价值的,应当由签订服务协议的工伤康复机构提出康复治疗方案,报经办机构批准后到签订服务协议的工伤康复机构进行工伤康复。

第二十五条 工伤职工的停工留薪期应当凭职工就诊的签订服务协议的医疗机构,或者签订服务协议的工伤康复机构出具的休假证明确定。停工留薪期超过 12 个月的,需经设区的市劳动能力鉴定委员会确认。设区的市劳动能力鉴定委员会确认的停工留薪期结论为最终结论。

在停工留薪期间,用人单位不得与工伤职工解除或者终止劳动关系。法律、法规另有规定的除外。

第二十六条 因工致残被鉴定为五级、六级伤残的工伤职工恢复工作后,又发生难以安排工作的情形的,以难以安排工作时本人工资为基数由用人单位计发伤残津贴;难以安排工作时本人工资低于发生工伤时本人工资的,以发生工伤时本人工资为基数计发。

第二十七条 职工因工致残被鉴定为五至十级伤残,按照《条例》规定与用人单位解除或者终止劳动关系时,由工伤保险基金支付一次性工伤医疗补助金,由用人单位支付一次性伤残就业补助金。一次性工伤医疗补助金的基准标准为:五级 20 万元,六级 16 万元,七级 12 万元,八级 8 万元,九级 5 万元,十级 3 万元。一次性伤残就业补助金的基准标准为:五级 9.5 万元,六级 8.5 万元,七级 4.5 万元,八级 3.5 万元,九级 2.5 万元,十级 1.5 万元。

　　设区的市人民政府可以根据当地经济发展水平、居民生活水平等情况,在基准标准基础上上下浮动不超过 20% 确定一次性工伤医疗补助金和一次性伤残就业补助金标准,并报省社会保险行政部门备案。

　　患职业病的工伤职工,一次性工伤医疗补助金在上述标准的基础上增发 40%。

　　一次性工伤医疗补助金和一次性伤残就业补助金基准标准的调整,由省社会保险行政部门会同省财政部门报省人民政府批准确定。

　　第二十八条　工伤职工本人提出与用人单位解除劳动关系,且解除劳动关系时距法定退休年龄不足 5 年的,一次性工伤医疗补助金和一次性伤残就业补助金按照下列标准执行:不足 5 年的,按照全额的 80% 支付;不足 4 年的,按照全额的 60% 支付;不足 3 年的,按照全额的 40% 支付;不足 2 年的,按照全额的 20% 支付;不足 1 年的,按照全额的 10% 支付,但属于《中华人民共和国劳动合同法》第三十八条规定的情形除外。达到法定退休年龄或者按照规定办理退休手续的,不支付一次性工伤医疗补助金和一次性伤残就业补助金。

　　五至十级工伤职工领取一次性工伤医疗补助金的具体办法由统筹地区经办机构制定。

　　第二十九条　工伤职工领取一次性工伤医疗补助金和一次性伤残就业补助金后,工伤保险关系终止,劳动能力鉴定委员会不再受理其本次伤残的劳动能力复查鉴定申请。

　　第三十条　因工致残一次性伤残补助金、工伤职工的伤残津贴、生活护理费自作出劳动能力鉴定结论的次月起计发。

　　因工死亡丧葬补助金、一次性工亡补助金自职工死亡当月起计发，其供养亲属抚恤金自职工死亡的次月起计发。

第三十一条 伤残津贴、供养亲属抚恤金、生活护理费由设区的市社会保险行政部门会同财政部门根据职工平均工资和生活费用变化等情况适时调整。

伤残津贴、供养亲属抚恤金以及生活护理费调整方案，经设区的市人民政府同意报省社会保险行政部门和省财政部门批准后执行。

第三十二条 职工在同一用人单位连续工作期间多次发生工伤，符合《条例》第三十六条、第三十七条规定享受相关待遇的，按照其在同一用人单位发生工伤的最高伤残级别，计发一次性伤残就业补助金和一次性工伤医疗补助金。

第三十三条 工伤复发因伤情变化复查鉴定伤残等级改变的，不再重新计发一次性伤残补助金，其他工伤保险待遇按照新的伤残等级享受。达到领取伤残津贴条件的，以旧伤复发时本人工资为基数计发伤残津贴；旧伤复发时本人工资低于发生工伤时本人工资的，以发生工伤时本人工资为基数计发。

第三十四条 用人单位破产、撤销、解散、关闭进行资产变现、土地处置和净资产分配时，应当优先安排解决工伤职工的有关费用。有关工伤保险费用以及工伤待遇支付按照下列规定处理：

（一）一至四级工伤职工至法定退休年龄前，以伤残津贴为基数缴费参加基本医疗保险，由本人缴纳个人缴费部分，由用人单位将应当由单位缴纳的基本医疗保险费一次性划拨给医疗保险经办机构并入医疗保险基金财政专户；

（二）五至十级工伤职工，分别由工伤保险基金和用人单位按照本办法第二十七条规定发给其一次性工伤医疗补助金和一次性伤残就业补助金,工伤保险关系终止。

第三十五条 用人单位分立、合并、转让,工伤职工转入承继单位的,承继单位应当承担原用人单位的工伤保险责任,并到当地经办机构办理参加工伤保险或者变更工伤保险关系的手续。

用人单位分立、合并、转让,工伤职工不转入承继单位的,按照工伤职工与用人单位解除或者终止劳动关系时享受的有关待遇执行。

第三十六条 具备用工主体资格的用人单位将工程或者经营权发包给不具备用工主体资格的组织或者自然人,该组织或者自然人招用的劳动者发生事故伤害,劳动者提出工伤认定申请的,由具备用工主体资格的发包方承担用人单位依法应当承担的工伤保险责任,社会保险行政部门可以将具备用工主体资格的发包方作为用人单位按照规定作出工伤认定决定。

第三十七条 用人单位按照劳动合同约定或者经与职工协商一致指派职工到其他单位工作,职工发生工伤的,由用人单位承担工伤保险责任。

用人单位职工非由单位指派到其他用人单位工作发生工伤的,由实际用人单位按照《条例》和本办法规定的项目和标准支付工伤保险待遇。

职工在两个或者两个以上用人单位同时就业的,其就业的每一个用人单位都应当为其缴纳工伤保险费。职工发生工伤的,应当由其受伤时为之工作的用人单位承担工伤保险责任。

第三十八条 用人单位依照《条例》和本办法规定应当参加工伤保险而未参加或者参加工伤保险后中断缴费期间,职工发生工伤的,该工伤职工的各项工伤保险待遇,均由用人单位按照《条例》和本办法规定的项目和标准支付。用人单位按照规定足额补缴工伤保险费、滞纳金后,职工新发生的工伤保险待遇由工伤保险基金和用人单位按照《条例》和本办法规定的项目和标准支付。

第三十九条 社会保险行政部门重新作出不认定为工伤或者不视同工伤决定,工伤保险基金和用人单位已经支付工伤待遇的,职工应当向工伤保险基金和用人单位退回已经领取的工伤保险待遇。职工不退回已经领取的工伤保险待遇的,经办机构和用人单位应当依法追偿。

第四十条 本办法下列用语的含义:

(一)发生工伤时本人工资,是指工伤职工因工作遭受事故伤害或者被诊断、鉴定为职业病前 12 个月平均月缴费工资。

(二)难以安排工作时本人工资,是指工伤职工难以安排工作前 12 个月平均月缴费工资。

(三)工伤复发时本人工资,是指工伤职工工伤复发前 12 个月平均月缴费工资。

不足 12 个月的,按照实际发生的月平均缴费工资计算;不足 1 个月的以用人单位职工平均月缴费工资计算。本人工资高于统筹地区职工平均工资 300% 的,按照统筹地区职工平均工资的 300% 计算;本人工资低于统筹地区职工平均工资 60% 的,按照统筹地区职工平均工资的 60% 计算。

第四十一条 本办法自 2015 年 6 月 1 日起施行。2005 年 2 月 3 日江苏省人民政府令第 29 号发布的《江苏省实施〈工伤保险条例〉办法》同时废止。本办法实施前职工按月享受工伤保险待遇标准低于本办法规定标准的,自本办法施行之日起,按照本办法规定标准执行,以前已发放的低于本办法规定标准部分不再追补。

江苏省人力资源和社会保障厅关于实施《工伤保险条例》若干问题的处理意见

（苏人社规〔2016〕3号）

各设区市人力资源和社会保障局,昆山、泰兴、沭阳县(市)人力资源和社会保障局:

为贯彻实施《工伤保险条例》(以下简称《条例》)和《江苏省实施〈伤保险条例〉办法》(以下简称《实施办法》),妥善解决工伤保险工作中的突出问题,切实提高我省工伤保险依法行政能力水平,现结合我省实际,对有关问题提出如下处理意见,请认真贯彻执行。

一、社会保险行政部门对能初步证明职工与用人单位存在劳动人事关系及符合其他申请条件的工伤认定申请,应予受理。

二、《条例》第六十六条规定的"无营业执照或者未经依法登记、备案的单位以及被依法吊销营业执照或者撤销登记、备案的单位的职工"和"童工",不作为工伤认定的对象。但其受到事故伤害或者被诊断、鉴定为职业病的,社会保险行政部门应当依申请参照工伤认定程序判定其是否符合《条例》第十四条、第十五条、第十六条规定的情形,由该单位根据《条例》和《非法用工单位伤亡人员一次性赔偿办法》有关规定给予一次性赔偿。

三、在校学生在用人单位实习期间发生伤亡事故的,不属于《条例》调整范围。

四、《条例》第十四条和第十五条规定的"工作时间",包括职工劳动合同约定的工作时间或者用人单位规定的工作时间以及加班加点的工作时间。

五、《条例》第十四条规定的"工作场所",既包括用人单位能够对从事日常生产经营活动进行有效管理的区域,也包括职工为完成某项特定工作所涉及的单位以外的相关区域,还包括职工因工作来往于多个与其工作职责相关的工作场所之间的合理区域。

六、《条例》第十四条规定的"因工作原因受到事故伤害",既包括职工在工作时间和工作场所内,因从事生产经营活动直接遭受的事故伤害,也包括在工作过程中职工临时解决合理必需的生理需要时由于不安全因素遭受的意外伤害。

七、《条例》第十四条规定的"因工外出期间",是指职工受用人单位指派或者根据工作岗位性质要求自行到工作场所以外从事与工作职责有关活动的期间。

八、用人单位安排或者组织职工参加文体活动,应作为工作原因。用人单位以工作名义安排或者组织职工参加餐饮、旅游观光、休闲娱乐等活动,或者从事涉及领导、个人私利的活动,不能作为工作原因。职工因工外出期间从事与工作职责无关的活动受到伤害的,不能作为工作原因。

九、《条例》第十四条规定的"因履行工作职责受到暴力等意外伤害",是指职工由于履行工作职责而受到暴力等伤害,该暴力等伤害应与履行工作职责具有直接因果关系。

十、《条例》第十四条规定的"上下班途中"包括下列情形:(一)在合理时间内往返于工作地与经常居住地之间合理路线的上下班途中;(二)在合理时间内往返于工作地与配偶、父母、子女居住地的合理路线的上下班途中;(三)从事属于日常工作生活所需要的活动,且在合理时间和合理路线的上下班途中。

《条例》第十四条规定的"非本人主要责任的交通事故",应当以有权机构出具的事故责任认定书或者人民法院生效裁判等法律文书为依据。如有权机构无法出具事故责任认定书,或者出具的法律文书无法认定事故责任的,社会保险行政部门可以依据经调查核实的相关证据作出结论。

十一、《条例》第十五条规定的"在工作时间和工作岗位,突发疾病死亡或者在 48 小时之内经抢救无效死亡",是指职工在工作时间和工作岗位上突发疾病于工作场所内死亡或者从工作场所直接送医抢救无效死亡。"48 小时"的起算时间,以医疗机构的初次诊断时间作为突发疾病的起算时间。

十二、《条例》第十四条规定的"下落不明"、第十六条规定的"醉酒或者吸毒"和"自残或者自杀",应当以有权机构出具的结论性意见或人民法院生效裁判等法律文书为依据。

《条例》第十六条规定的"故意犯罪",应当以刑事侦查机关、检察机关和审判机关的生效法律文书或者结论性意见为依据。

十三、《条例》第十七条规定的"用人单位未在本条第一款规定的时限内提交工伤认定申请,在此期间发生符合本条例规定的工伤待遇等有关费用",是指在用人单位提交工伤认定申请前发生的工伤医疗、工伤康复、辅助器具安装配置、住院伙食补助、到统筹地区以外就医交通食宿等费用。

十四、工伤职工在停工留薪期内,享受原工资福利待遇,停工留薪期满后应回用人单位上班。停工留薪期满至劳动能力鉴定结束前,用人单位不能安排适当工作的,原工资福利待遇照发;用人单位安排适当工作、工伤职工无正当理由拒不提供劳动的,可以按照有关法律、行政法规规定处理。

十五、在职的工伤职工工伤复发,确认需要治疗的,享受《条例》第三十条、第三十二条、第三十三条规定的工伤待遇。

保留劳动关系、退出工作岗位或者已经办理退休、保留工伤保险关系的工伤职工,工伤复发被确认需要治疗的,享受《条例》

第三十条、第三十二条规定的工伤待遇,不享受停工留薪期待遇,治疗期间继续享受伤残津贴或者基本养老保险待遇,生活不能自理需要护理的,由所在单位负责。

十六、《条例》第三十九条规定"伤残职工在停工留薪期内因工伤导致死亡的,其近亲属享受本条第一款规定的待遇"。这里的"在停工留薪期内因工伤导致死亡的",应是职工发生工伤时的停工留薪期内因工伤导致死亡。

在职的工伤职工在工伤复发后的停工留薪期内因工伤导致死亡的,其近亲属应当享受《条例》第三十九条第一款第(一)项、第(二)项规定的待遇,不享受一次性工亡补助金。

十七、职工因工致残被鉴定为一级至四级伤残的,由用人单位和职工个人以伤残津贴为基数,按规定缴纳基本养老保险费。

十八、五至十级工伤职工因死亡或者被人民法院宣告死亡、失踪而终止劳动关系的,不享受一次性工伤医疗补助金和一次性伤残就业补助金。

十九、职工原在部队服役,因战、因公负伤致残,到用人单位后旧伤复发,被认定视同为工伤的人员,与用人单位解除或终止劳动人事关系时,按照《条例》规定享受一次性工伤医疗补助金和一次性伤残就业补助金,以后再旧伤复发的,不再认定视同为工伤和享受工伤保险待遇。

二十、用人单位应当依照《条例》和《实施办法》规定参加工伤保险,为本单位全部职工缴纳工伤保险费。

用人单位未参加或者参加工伤保险后中断缴费期间,职工发生工伤的,该工伤职工的各项工伤保险待遇,均由用人单位按照《条例》和《实施办法》规定的项目和标准支付。

用人单位按照规定足额补缴工伤保险费、滞纳金后,职工新发生的工伤医疗费用、工伤康复费用、安装和配置残疾辅助器具费用、住院伙食补助、到统筹地区以外就医的交通、食宿费用、一至四级的伤残津贴、生活护理费、供养亲属抚恤金以及解除或终止劳动人事关系时发给的一次性工伤医疗补助金,由工伤保险基金支付。

二十一、职工发生工伤时,用人单位依照《条例》和《实施办法》规定为其参加了工伤保险,但其后违反规定停缴或者欠缴工伤保险费的,停缴、欠缴期间发生的工伤医疗费用、工伤康复费用、安装和配置残疾辅助器具费用、住院伙食补助、到统筹地区以外就医的交通、食宿费用,以及解除或终止劳动关系时发给的一次性工伤医疗补助金,由用人单位支付;伤残津贴、生活护理费、供养亲属抚恤金、一次性伤残补助金、丧葬补助金、一次性工亡补助金由工伤保险基金支付。

二十二、本意见自 2017 年 1 月 1 日起执行,过去本厅的原有规定与本意见不一致的,按本意见执行。2005 年 3 月 10 日原江苏省劳动和社会保障厅《关于实施〈工伤保险条例〉若干问题的处理意见》(苏劳社医〔2005〕6 号)同时废止。

江苏省人力资源和社会保障厅

2016 年 10 月 27 日

徐州市贯彻《工伤保险条例》实施意见

(2017 年 11 月 1 日施行)

为保障因工作遭受事故伤害或患职业病的职工获得医疗救治和经济补偿,促进工伤预防和工伤康复,分散用人单位工伤风险,根据国务院《工伤保险条例》(以下称《条例》)和《江苏省实施

〈工伤保险条例〉办法》(以下称《办法》),结合我市实际,制定本实施意见。

一、本市行政区域内的国家机关、企业、事业单位、社会团体、民办非企业单位、基金会、律师事务所、会计师事务所等组织和有雇工的个体工商户(以下称用人单位)及其职工或者雇工(以下称职工)适用本实施意见。

二、市社会保险行政部门主管全市工伤保险工作,并具体负责市区(含贾汪区、徐州经济技术开发区、新城区)的工伤保险工作。各县(市)、铜山区社会保险行政部门负责本地区的工伤保险工作。

市、各县(市)、铜山区社会保险行政部门下设的工伤保险经办机构(以下称经办机构)具体承办工伤保险事务。

三、用人单位应当以职工工资总额作为工伤保险的缴费基数为本单位全部职工缴纳工伤保险费。

四、工伤保险行业基准费率根据国家规定以及工伤保险基金支出、工伤发生率和职业病危害程度等情况,按照以支定收、收支平衡的原则确定。

工伤保险行业基准费率的调整,由市社会保险行政部门会同财政、卫生计生、安全生产监督管理等部门提出方案,报市政府批准后执行。

五、经办机构根据用人单位依法登记的经营范围和主要经营生产业务,按照不同行业类别的行业基准费率,确定用人单位的缴费费率。劳务派遣单位应当按照实际用工单位的行业类别确定缴费费率。

建立工伤保险费率浮动机制,具体按照《徐州市工伤保险费率浮动办法》(徐人社发〔2016〕310号)执行。

六、工伤保险基金实行储备金制度。市、各县(市)、铜山区应当按月将已征收的工伤保险费总额的20％转入储备金专户。储备金达到上一年各项工伤保险费用的支付总额时不再提取。工伤保险基金有结余的,储备金先从结余中提取,不足部分按规定在基金中提取。

储备金用于重大伤亡事故的工伤保险待遇支付,以及工伤保险基金当年收不抵支的部分;储备金不足支付的,由统筹地区人民政府垫付。动用储备金应当经同级人民政府同意,报上一级社会保险行政部门备案。七、工伤保险经办经费和工伤认定所必需的业务经费列入同级财政年度部门预算。

八、在工伤保险基金中列支工伤预防费用,激励和督促参保单位注重工伤预防,加强安全生产,减少工伤事故和职业危害发生。在保证工伤保险待遇支付和储备金留存的前提下,工伤预防费的提取比例控制在上年度工伤基金征缴收入的3％左右。

社会保险行政部门负责工伤预防费的使用和管理,同级财政、卫生计生、安全生产监督管理等部门在各自职责范围内负责工伤预防相关工作。

九、用人单位应当采取积极措施保证受伤职工得到及时救治。职工发生事故伤害情况紧急的,可先到就近医疗机构急救,经抢救伤情稳定后,用人单位应当及时将受伤职工转入工伤保险协议医疗机构治疗。

建立工伤事故早期介入备案制度,具体办法由市社会保险行政部门另行制定。

十、市社会保险行政部门与各县(市)、区、徐州经济技术开发区社会保险行政部门分级负责工伤认定工作,具体办法由市社会保险行政部门另行制定。

十一、工伤认定申请涉及下列情形之一的,应当由法院、公安等相关单位组织确认并出具有关证明:

(一)因工外出期间,发生事故下落不明的;

(二)在上下班途中,受到非本人主要责任的交通事故或者城市轨道交通、客运轮渡、火车事故伤害的;

(三)在抢险救灾等维护国家利益、公共利益活动中受到伤害的;

(四)在军队服役,因战、因公负伤致残,已取得革命伤残军人证,到用人单位后旧伤复发的;

(五)故意犯罪的;

(六)醉酒或者吸毒的;

(七)自残或者自杀的。

十二、涉及派遣和借调人员申请工伤认定的,用人单位应当提交和实际用工单位之间的协议书、实际用工单位对事故的调查材料。

十三、经评定达到国家工伤康复定点机构标准的医疗或者康复机构,可以与经办机构签订工伤康复服务协议,提供工伤康复服务。

工伤职工经社会保险行政部门组织劳动能力鉴定专家或者工伤康复专家确认具有康复价值的,应当由签订服务协议的工伤康复机构提出康复治疗方案,报经办机构批准后到签订服务协议的工伤康复机构进行工伤康复。

十四、市劳动能力鉴定委员会由市社会保险行政部门、卫生计生行政部门、工会组织、经办机构代表以及用人单位代表组成,负责全市的劳动能力鉴定工作。市劳动能力鉴定委员会办公室设在市社会保险行政部门,承担劳动能力鉴定委员会的日常工作。

十五、市劳动能力鉴定委员会建立医疗卫生专家库。列入专家库的医疗卫生专业技术人员应当具备《条例》规定的条件,还应当掌握相关工伤保险方面知识。专家实行聘任制,聘期为三年。

十六、工伤职工的停工留薪期应当凭职工就诊的协议医疗机构或者协议工伤康复机构出具的休假证明确定。停工留薪期按规定需超过12个月的,用人单位应书面告知工伤职工本人是否申请延长停工留薪期。工伤职工需要延长的应在12个月期满前15日,凭协议医疗机构出具的证明向用人单位书面提出,由用人单位向市劳动能力鉴定委员会提出鉴定申请。

用人单位已告知而职工个人未提出延长申请的,停工留薪期满后,停发原待遇。

用人单位未书面告知工伤职工本人或未及时向市劳动能力鉴定委员会提出鉴定申请的,停工留薪期满后,继续按月支付原工资福利待遇。

工伤职工停工留薪期满或者在停工留薪期内治愈的,应当及时恢复工作,用人单位可以根据工伤职工的实际情况给予合理安排。

十七、职工住院治疗工伤期间的伙食补助费用,以及经协议医疗机构出具证明,报经办机构同意,到统筹地区以外就医所需的交通、食宿费用标准按省人力资源和社会保障厅《关于实施新〈工伤保险条例〉有关问题的处理意见》(苏人社函〔2011〕166号)的规定执行,由市社会保险行政部门会同财政部门根据城镇居民日人均消费支出额等适时调整。

十八、职工因工致残被鉴定为五至十级伤残,按照《条例》规定与用人单位解除或者终止劳动关系时,由工伤保险基金支付一次性工伤医疗补助金,由用人单位支付一次性伤残就业补助金。一次性工伤医疗补助金、一次性伤残就业补助金按照《办法》规定的基准标准下浮 10％执行。

患职业病的工伤职工,一次性工伤医疗补助金在前款规定标准的基础上增发 40％。

一次性工伤医疗补助金和一次性伤残就业补助金结算标准根据省人民政府确定的基准标准同步调整。

十九、伤残津贴、供养亲属抚恤金、生活护理费由市社会保险行政部门会同财政部门根据上年度职工平均工资增长幅度和居民消费价格水平上涨幅度提出调整方案,经市政府同意后报省社会保险行政部门和省财政部门批准后执行。

二十、用人单位未足额缴纳工伤保险费,导致职工工伤保险待遇下降的,其待遇差额部分由用人单位承担。

二十一、为分散广大用人单位的工伤风险,提高职工工伤保险待遇水平,充分保障工伤职工的合法权益,建立补充工伤保险制度,具体办法由市社会保险行政部门会同财政部门制定。

二十二、《条例》实施前职工已享受工伤待遇,但尚未纳入工伤保险管理的,应当按照《徐州市老工伤人员纳入工伤保险统筹管理办法》(徐政办发〔2010〕253 号)规定纳入工伤保险统筹管理。

用人单位参加工伤保险前发生的事故伤害,经社会保险行政部门认定为工伤的职工,可以参照《徐州市老工伤人员纳入工伤保险统筹管理办法》规定纳入工伤保险统筹管理。按照《条例》规定与用人单位解除或者终止劳动关系的除外。

二十三、各级卫生计生、安全生产监督管理、财政、地税、公安、工商、工会等单位应当依照各自职责,协助社会保险行政部门做好工伤保险工作。

二十四、本意见自 2017 年 11 月 1 日开始实施,市政府 2005 年发布的《徐州市贯彻〈工伤保险条例〉实施意见》(徐政发〔2005〕46 号)同时废止。我市原有关规定与本意见不一致的,按本意见执行。

徐州市工伤认定分级管理办法(试行)
(2017 年 12 月 1 日施行)

第一条　为切实提升依法行政水平和工作效率,更好地为工伤职工及用人单位提供优质、便捷、高效的服务,根据《江苏省实施〈工伤保险条例〉办法》(省政府令第 103 号)、市政府关于印发《徐州市贯彻〈工伤保险条例〉实施意见》的通知(徐政规〔2017〕2 号)的相关规定,制定本办法。

第二条　市社会保险行政部门与各县(市)、区、徐州经济技术开发区社会保险行政部门分级负责工伤认定工作。

第三条　本市行政区域内的国家机关、企业、事业单位、社会团体、民办非企业单位、基金会、律师事务所、会计师事务所等组织和有雇工的个体工商户(以下简称用人单位)适用本办法。

第四条　市社会保险行政部门负责下列用人单位及其职工的工伤认定工作:

(一) 驻徐各区(不含铜山区)部省属国家机关、企业、事业单位、社会团体、民办非企业单位;

(二) 市级国家机关、事业单位、社会团体、民办非企业单位。

第五条　各县(市)、铜山区社会保险行政部门负责下列用人单位及其职工的工伤认定工作:

(一) 驻县(市)、铜山区部省属国家机关、企业、事业单位、社会团体、民办非企业单位;

（二）县（市）、铜山区国家机关、事业单位，由县（市）、铜山区行政主管部门登记或者批准成立，且住所地在本行政区域的企业、社会团体、民办非企业单位、有雇工的个体工商户；

（三）住所地在本行政区域的律师事务所、会计师事务所等合伙组织和基金会。

第六条　鼓楼区、云龙区、泉山区、徐州经济技术开发区、贾汪区社会保险行政部门负责下列用人单位及其职工的工伤认定工作：

（一）区级国家机关、事业单位、社会团体、民办非企业单位；

（二）由市级及以下行政主管部门登记或者设立，且住所地在本行政区域的企业以及有雇工的个体工商户；

（三）住所地在本行政区域的律师事务所、会计师事务所等合伙组织和基金会。

第七条　以项目工程为单位参加工伤保险的建筑施工企业，由项目工程所在地的县（市）、区、徐州经济技术开发区社会保险行政部门负责工伤认定。

第八条　在本办法第五条、第六条规定范围之外的用人单位，其职工发生的工伤由用人单位所在县（市）、区、徐州经济技术开发区社会保险行政部门负责工伤认定。

第九条　县（市）、区、徐州经济技术开发区社会保险行政部门对工伤认定负责区域有争议的，由市级社会保险行政部门指定承办机关。

第十条　市社会保险行政部门与各县（市）、区、徐州经济技术开发区社会保险行政部门按照上级行政部门要求分级负责报表及档案管理等相关工作。

第十一条　本办法自2017年12月1日起施行。

自本办法施行之日起至 2018 年 4 月 30 日止,应由各区社会保险行政部门负责工伤认定的,工伤认定申请人首次向市社会保险行政部门提交申请材料的,市社会保险行政部门可以代收工伤认定申请材料,并转交有管辖权的各区社会保险行政部门负责工伤认定工作。

附录二 工伤保险知识测试题

一、判断题（正确的打"√"，错误的打"×"）（每题 2 分，计 50 分）

1. 工伤保险应该由单位和个人按不同比例缴纳。 （　　）

2. 工伤保险费根据以收定支、收支平衡的原则，确定费率。 （　　）

3. 职工发生事故伤害或者按照职业病防治法规定被诊断、鉴定为职业病，所在单位应当自事故伤害发生之日或者被诊断、鉴定为职业病之日起 30 日内，向统筹地区社会保险行政部门提出工伤认定申请。 （　　）

4. 用人单位未在规定的时限内提出工伤认定申请的，工伤职工或者其近亲属、工会组织在事故伤害发生之日或者被诊断、鉴定为职业病之日起半年内，可以直接向用人单位所在地统筹地区社会保险行政部门提出工伤认定申请。 （　　）

5. 用人单位未在规定的时限内提交工伤认定申请，在此期间发生符合本条例规定的工伤待遇等有关费用由工伤保险基金负担。 （　　）

6. 工伤职工拒不接受劳动能力鉴定的，应该停止享受工伤保险待遇。 （　　）

7. 职工发生工伤，经治疗伤情相对稳定后存在残疾、影响劳动能力的，应当进行劳动能力鉴定。 （　　）

8. 工伤职工停工留薪期满后仍需要治疗的,单位可以根据就医诊断证明延长停工留薪期。　　　　　　　　　（　　）

9. 劳动功能障碍分为十个伤残等级,最重的为十级,最轻的为一级。　　　　　　　　　　　　　　　　　　　　（　　）

10. 生活自理障碍分为三个等级:生活完全不能自理、生活大部分不能自理和生活部分不能自理。　　　　　　　（　　）

11. 工伤保险条例所称本人工资,是指工伤职工因工作遭受事故伤害或者患职业病前 12 个月平均月缴费工资。（　　）

12. 工伤职工治疗非工伤引发的疾病,不享受工伤医疗待遇,按照基本医保 办法处理。　　　　　　　　　　　（　　）

13. 工伤职工到签订服务协议的医疗机构进行工伤康复的费用,符合规定的,从工伤保险基金支付。　　　　　　（　　）

14. 职工或者近亲属认为是工伤,用人单位不认为是工伤的,职工本人要承担举证责任。　　　　　　　　　　　（　　）

15. 五至六级工伤职工,单位难以安排工作的,单位可以与其解除劳动合同。　　　　　　　　　　　　　　　　（　　）

16. 当事人对职业病诊断有异议的,可以向做出诊断的医疗卫生机构所在地地方人民政府卫生行政部门申请鉴定。（　　）

17. 上班时中暑不能认定为工伤。　　　　　　　　　　（　　）

18. 生活不能自理的工伤职工在停工留薪期需要护理的,由所在单位负责。　　　　　　　　　　　　　　　　　（　　）

19. 工伤职工在停工留薪期满后仍需治疗的,继续享受工伤医疗待遇和原工资福利待遇。　　　　　　　　　　　（　　）

20. 职工本人在工作中由于严重违章造成人身伤害,不应该认定为工伤。　　　　　　　　　　　　　　　　　　（　　）

21. 因醉酒在生产场所发生事故伤害的,可以认定为工伤。

　　　　　　　　　　　　　　　　　　　　　　　　（　　）

22. 享受伤残津贴的工伤职工退休后领取养老金，养老金低于伤残津贴的，由工伤保险基金补足差额。 （　　）

23. 工伤职工本人提出与用人单位解除或终止劳动关系的，由工伤保险基金支付一次性工伤医疗补助金和一次性伤残就业补助金。 （　　）

24. 享受护理津贴的工伤职工退休后，停止支付伤残津贴和护理费，领取养老金。 （　　）

25. 在单位上班时突发疾病回家休息，在家中病情恶化48小时内死亡，这种情况可以申请工亡。 （　　）

二、选择题(将正确的答案填在括号内)(每题2分，计50分)

26. 自劳动能力鉴定结论做出之日起（　　）年后，工伤职工或者其近亲属、所在单位或者经办机构认为伤残情况发生变化的，可以申请劳动能力复查鉴定。

　　A. 半年　　　　　　B. 1年　　　　　　C. 2年

27. 职工住院治疗工伤期间的伙食补助费标准为每人每天（　　）元。

　　A. 20　　　　　　B. 30　　　　　　C. 50

28. 经医疗机构出具证明，报经办机构同意，工伤职工到统筹地区以外就医所需的交通、食宿费用从工伤保险基金支付，住宿费每人每天补助（　　）元。

　　A. 100　　　　　　B. 150　　　　　　C. 200

29. 职工因工作遭受事故伤害或者患职业病需要暂停工作接受工伤医疗的，在停工留薪期内，原工资福利待遇不变，由所在单位按（　　）支付。

　　A. 月　　　　　　B. 季　　　　　　C. 年

30. 停工留薪期一般不超过（　　）个月。

A. 6　　　　　　　　B. 12　　　　　　　　C. 24

31. 生活护理费按照生活完全不能自理、生活大部分不能自理或者生活部分不能自理 3 个不同等级支付,其标准分别为统筹地区上年度职工月平均工资的(　　)。

A. 50%、40%、30%

B. 60%、50%、40%

C. 70%、60%、50%

32. 职工因工致残被鉴定为五级、六级伤残的,保留与用人单位的劳动关系,由用人单位安排适当工作。难以安排工作的,由用人单位按(　　)发给伤残津贴。

A. 月　　　　　　　B. 季　　　　　　　C. 半年

33. 职工被借调期间受到工伤事故伤害的,由(　　)承担工伤保险责任。

A. 原用人单位　　　　B. 借调单位

34. 工伤保险条例所称工资总额,是指用人单位直接支付给本单位全部职工的(　　)。

A. 劳动报酬总额　　　B. 除加班费之外的报酬

35. 一次性工亡补助金标准为上一年度全国城镇居民人均可支配收入的(　　)倍。

A. 20　　　　　　　B. 40　　　　　　　C. 60

36. 咨询工伤保险政策和办事流程,可以拨打(　　)。

A. 12333　　　　　　B. 12315　　　　　　C. 12306

37. 在工作时间和工作岗位,突发疾病死亡或者在(　　)小时之内经抢救无效死亡的,可以视同工伤(　　)。

A. 24　　　　　　　B. 48　　　　　　　C. 72

38. 职工或者其直系亲属认为是工伤,用人单位不认为是工伤的,由( )承担举证责任。

A. 职工或者其直系亲属

B. 劳动保障部门　　C. 用人单位

39. 用人单位未参加工伤保险,职工发生工伤能否申请工伤认定?( )

A. 不能申请,只有参加工伤保险才可以

B. 只要其所在单位是《工伤保险条例》覆盖范围内的企业和有雇工的个体工商户的都可以申请

C. 只有其所在单位是国有企业的才可以申请

40. 生活不能自理的工伤职工在停工留薪期需要护理的,由( )负责。

A. 职工个人或者其直系亲属

B. 社保经办部门　　C. 用人单位

41. 承担职业病诊断的医疗卫生机构应由( )部门批准。

A. 省级卫生行政部门　　B. 市级卫生行政部门

42. 承担职业病诊断的医疗卫生机构在进行职业病诊断时,应当组织( )名以上取得职业病诊断资格的执业医师集体诊断。

A. 2　　　　　　　　B. 3　　　　　　　　C. 5

43. 疑似职业病病人在诊断、医学观察期间的费用,由谁承担?( )

A. 用人单位　　B. 职工个人　　C. 工伤保险基金

44. 被鉴定为一级至四级工伤职工,基本医疗保险的缴纳由谁负责?( )

A. 单位全部缴纳　　B. 单位和个人按比例缴纳

C. 个人全部缴纳

45. 领取退休养老金的 1～4 级工伤职工死亡后,丧葬补助金从哪里领取?(　　)

　　A. 工伤保险基金　　　B. 养老保险基金　　　C. 原工作单位

46. 工作时间之前,在工作场所内从事预备性工作受到事故伤害的是否属工伤?(　　)

　　A. 是　　　　　　　　B. 不是

47. 上下班发生非本人主要责任的交通事故后,得到了民事赔偿,能否再申请工伤?(　　)

　　A. 能　　　　　　　　B. 不能

48. 企业没有按照法律规定参加工伤保险,职工发生工伤能申请工伤吗?(　　)

　　A. 能　　　　　　　　B. 不能

49. 工作劳累过度患病能申请工伤吗?(　　)

　　A. 能　　　　　　　　B. 不能

50. 工伤职工在上下班途中因非本人主要责任的交通事故受伤成植物人,这种情况停工留薪期应该是(　　)。

　　A. 12 个月　　　　　B. 24 个月　　　　　C. 长期

参考答案:

判断题答案

1. ×;2. √;3. √;4. ×;5. ×;6. √;7. √;8. ×;9. ×;
10. √;11. √;12. √;13. √;14. ×;15. ×;16. √;17. ×;
18. √;19. ×;20. ×;21. ×;22. √;23. ×;24. ×;25. ×。

选择题答案

26. B;27. A;28. B;29. A;30. B;31. A;32. A;33. A;
34. A;35. A;36. A;37. B;38. C;39. B;40. C;41. A;42. B;
43. A;44. B;45. A;46. A;47. A;48. A;49. B;50. B。

参考文献

［1］人力资源社会劳动保障部工伤保险司.工伤预防培训教材［M］.北京:中国劳动社会保障出版社,2017.

［2］编写组.工伤事故与职业病预防宣传培训教材［M］.北京:中国劳动社会保障出版社,2015.

［3］中国红十字会总会.心肺复苏与创伤救护［M］.北京:人民卫生出版社,2015.

［4］中国红十字会总会.驾驶员救护［M］.北京:人民卫生出版社,2015.